MINERALIEN, STEINE UND FOSSILIEN

Großer Bergkristall und Fundort in den Bergen

Findet den ersten Stein!

MINERALIEN, STEINE UND FOSSILIEN

Grundkenntnisse für Hobby-Sammler

von Dieter Stobbe

FALKEN-VERLAG · NIEDERNHAUSEN/TAUNUS

Fernseh-Begleitbuch zur Sendereihe des wdr/Westdeutschen Fernsehens
»Findet den ersten Stein! Exkursionen für Hobby-Geologen«, 6 x 15 Minuten
Titel der Sendungen:
- Bernstein und Krebse
- Erdschichten entschlüsseln Erdgeschichte
- Versteinerte Tintenfische
- Bergkristalle
- Knochen aus der Kiesgrube
- Edel- und Schmucksteine

Autor und Moderator:	Andreas E. Richter
Kamera:	Ekfried Schöne
Ton:	Eckhard Schmidt
Licht:	Karl-Heinz Gundlach
Regie-Assistenz:	Marlies Batz
Schnitt:	Astrid Skornia
Tricks:	Miccia de Kallay
Produktion:	Erik Nacken
Regie:	Manfred Kornatz
Redaktion:	Dieter Stobbe

Abbildung auf Seite 1 zeigt die Fränkische Alb bei Solnhofen

ISBN 3 8068 0437 0

Titelbild: H. J. Winkler
Zeichnungen: Edith Kuchenmeister
Trickzeichnungen: Miccia de Kallay
Fotos: A. Ruske, B. Kahl, Senckenberg-Museum Frankfurt, Staatliches Museum für Naturkunde Stuttgart, Landessammlungen für Naturkunde Karlsruhe, wdr, M. Batz
Gesamtherstellung: H. G. Gachet & Co., 6070 Langen

817 2635 4453 6271

Inhalt

Vorwort

Dieses Buch schreibt ein interessierter Laie bewußt für Laien. Es entstand – wie die Fernsehreihe – aus Neugierde.

Vielleicht ist es dem Leser so ergangen wie dem Autor: Da wandert man am Wochenende mit Familie durch eine Mittelgebirgslandschaft und sieht sich unvermutet »Steineklopfern« gegenüber, die an Abhängen oder in Gruben irgendwelchen Steinbrocken mit einem Hammer an den Kern gehen. Unwillkürlich beginnt man selber, sich nach Steinen zu bücken – und findet nichts daran, was es zu behämmern gäbe.

Da fährt man einmal in die Alpen, um im Urlaub bergzuwandern, begibt sich eines Tages ziemlich hoch hinauf, dorthin, wo das Gletschereis beginnt, und man trifft jene Zeitgenossen mit Hammer und Meißel auch hier, an Felsbrocken arbeitend oder Gletschergeröll sortierend. Welcher Sache geht man da mit wenigen Hammerschlägen auf den steinernen Grund?

Inzwischen ist diese Frage längst beantwortet: Versteinerungen wurden gesucht, besonders schöne Mineralien oder Bergkristalle. Und welcher Wanderer würde so etwas nicht auch gerne finden!

Dazu freilich fehlt ihm anfangs jedes rechte Gespür. Allen Anfängern auf die richtige Spur zu helfen, ist Sinn der Fernsehreihe und auch dieses Begleitbuches. Dabei kann es allerdings nicht darum gehen, den vielen fach- und sachkundigen Veröffentlichungen zum Thema Fossilien und Mineralien eine weitere »Spezialität« hinzuzufügen. Diese »Exkursionen für Hobby-Geologen« sollen dem Zuschauer jene Informationen schwarz auf weiß nachliefern, die farbig auf dem Bildschirm vielleicht zu schnell vermittelt wurden oder bei der Fernsehexkursion gar nicht berücksichtigt werden konnten. Diese »Exkursionen für Hobby-Geologen« sind eine bewußt vereinfachte Veranschaulichung aller erdgeschichtlichen »Untergründigkeiten«, die der Autor nach persönlicher Erfahrung allen Laien mit auf die Suche nach dem »ersten« Stein geben will.

Ein riesiger Fund mit Anfängerglück

Eidechszähner (Iguanodon) aus der Unteren Kreide Belgiens

Ein Ausflug in das Erdinnere

Wenn wir unseren Planeten aufschneiden könnten, oder wenn es möglich wäre, ihn bis zu seinem Mittelpunkt anzubohren – dazu bräuchten wir einen Bohrer von 6371 km Länge –, dann würden wir nach ca. 35 km steinerner Erdkruste auf den Erdmantel stoßen. Von da an ginge das Bohren theoretisch ganz leicht, denn dieser Erdmantel besteht aus Magma, einer zähplastischen Masse, ähnlich wie zäher Kuchenteig, der allerdings schwerer ist als die Erdkruste. Danach stöße dieser Bohrer irgendwann auf einen flüssigen äußeren Erdkern, dessen Zusammensetzung und Ausdehnung man noch nicht genau kennt. In dieser »Flüssigkeit« herrschen immerhin Temperaturen von etwa 2000°C, und die müßte unser Bohrer verkraften können. Doch das härteste Stück Arbeit läge erst dann mit dem inneren Erdkern vor ihm. Dieser innere Erdkern besteht, wie die Wissenschaft vermutet, aus fester Materie, in der Hauptsache aus Nickel und Eisen. Die Temperaturen und der Druck in diesem Mittelpunkt der Erde sind enorm: 2000–4000°C und 1,5–3,5 Millionen Atmosphären.

Blick in das Erdinnere

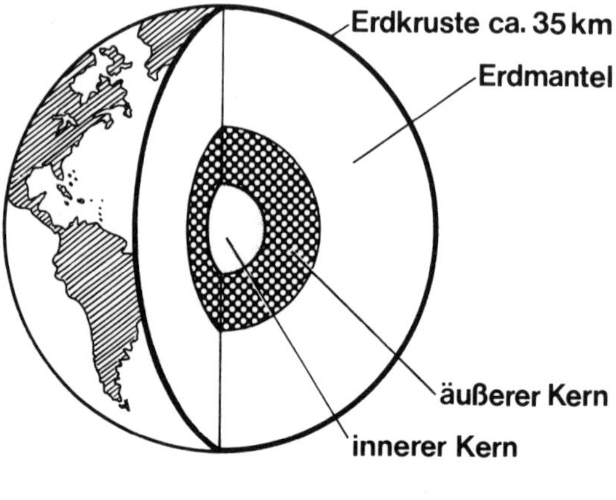

Vulkanausbruch

Die Erde

Phyllit und Marmor (metamorphes Gestein, Umwandlungsgestein)

Gneis (metamorphes Gestein, Umwandlungsgestein)

Leicht vorstellbar, daß unser Planet auseinanderfliegt, wenn sich die Druckverhältnisse der uns umgebenden Atmosphäre zuungunsten der Druckverhältnisse im Erdkern einmal irgendwie ändern sollten.

Der Zustand des Innenlebens unseres Planeten ist der ebenso flüssige wie schlüssige Beweis, daß seine erdgeschichtliche Entwicklung noch in vollem Gange ist. Denn wenn wir uns vergegenwärtigen, daß unsere Erde von heute vor schier unvorstellbar langer Zeit einmal in gasförmigem und später glutflüssigem Zustand war, dann könnte man davon ausgehen, daß der Erstarrungs- und Abkühlungsprozeß weitergeht. Bedenkt man allerdings, daß in Milliarden von Jahren nur rund 35 km durch Oberflächenabkühlung fest geworden sind, so hat der Planet Erde bis zu seinem völligen Erstarren noch eine lange Zukunft.

Wozu diese ganze Bohrerei in der Theorie? Um zu den Steinen zu finden, besser zum Gestein unserer Erdoberfläche und Erdkruste, wobei Erdoberfläche und Erdkruste nicht nur aus Stein und Erde bestehen, sondern selbstverständlich auch aus Wasser.

Für uns als Hobby-Geologen ist die Erdkruste und die darunter befindliche Magma-Schicht interessant.

Die Kontinente der Erdkruste schwimmen wie riesige Eisschollen (daher auch der Name Kontinentalschollen) oder wie riesige Schiffe mit großem Tiefgang in dem schwereren plastischen Magma-Material des oberen Erdmantels. Aufgrund ihres geringeren spezifischen Gewichts können unsere Kontinentalschollen nicht in dem zähen plastischen Material einbrechen und womöglich langsam eines fernen Tages »versinken«.

Umgekehrt aber ist es im Laufe der Zeit häufig passiert, daß die Bewohner der Erdoberfläche mit dem 35 km entfernten Magma direkten Kontakt hatten und auch heute noch haben, durch Vulkanausbrüche beispielsweise.

Da unser Planet in seinem Inneren »lebt«, geschieht es immer wieder, daß die Erdkruste bricht oder sich durch Bewegungen gegeneinander

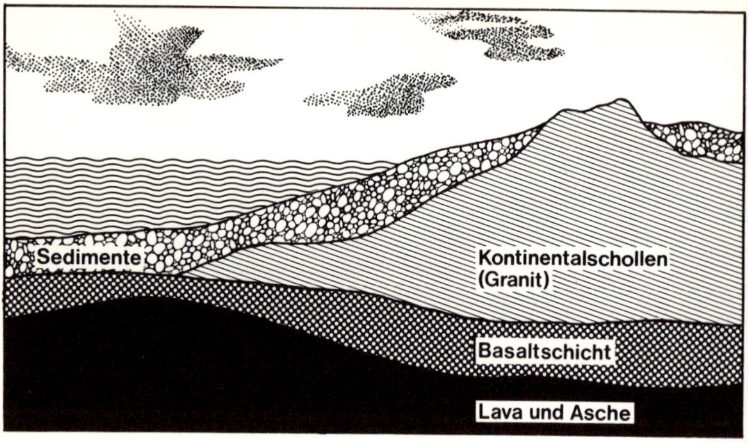

Kontinentalschollen schwimmen im Magma

auffaltet. Durch den großen Druck im Innern kann das Magma in die Erdkruste dringen und bis an die Erdoberfläche gelangen. Andere Erscheinungsformen der Erdbewegungen sind die Erdbeben. Im Ablauf der Erdgeschichte sind solche Ereignisse oder Katastrophen winzige Bruchteile von Zeit, von Sekunden. Unsere Erde verändert sich tagtäglich, und erst nach Tausenden von Jahren vielleicht werden unsere Nachfahren erkennen, daß diese Veränderung nach einem System abgelaufen ist.

Von der Glut zum Fels

Die Frage, wie denn der »Stein« auf die Erde kommt, läßt sich einfach beantworten: durch Erstarren, d. h., durch Abkühlung der Oberfläche des ehemals glutflüssigen Klumpens, den wir heute Erdball nennen.

Eine kältere Uratmosphäre um den entstehenden Planeten herum muß es bereits gegeben haben. Wie sonst hätte er sich abkühlen können? Wenn sich so ein »Feuerball« in kälterer Umgebung abgekühlt hat, muß er ganz schön gedampft haben. In die Uratmosphäre ist also Wasserdampf entwichen.

Auf dem sich immer weiter abkühlenden Erdball bildete sich durch Erstarren des glühenden Magmas eine Art Urkruste oder -rinde wie Schorf auf einer Wunde. Allmählich entstand eine äußere Erdhaut aus Fels, die immer dicker wurde.

Bedingt durch seinen ungeheuren Druck hat das glutflüssige Erdinnere immer wieder versucht, »sich seiner Haut zu wehren«. So wie in jedem Druckkessel Überdruckventile eingebaut sind, damit so ein Kessel nicht platzt, war der Planet Erde bestrebt, sich seine eigenen Ventile zu schaffen, um nicht auseinanderzubersten. Es kam also häufig zu gewaltsamen Ausbrüchen des Magmas, zu gewaltigen Urvulkanen. Nach dem Erstarren dieser hervorquellenden Glut bildeten sich die ersten großen Unebenheiten auf dem Erdball, die Urgebirge. In dem Maße aber, in dem die Erdhaut an Felsdicke zunahm, ließen auch die Ausbrüche aus dem Erdinneren nach.

Heute, nach Milliarden von Jahren, ist aus der Haut eine 35 km dicke Kruste entstanden, die über weite Teile so stabil ist, daß dem Magma der Weg an die Erdoberfläche versperrt ist. An mehreren Stellen der Erde ist jedoch durch Bewegungen innerhalb der Erdkruste das Gestein soweit gelockert oder zerrüttet, daß das Magma immer wieder an die Erdoberfläche durchbrechen kann. Dies sind die sogenannten Zonen vulkanischer Erscheinungen.

Da das Magma im Laufe der Erdgeschichte nie zur Ruhe kam, veränderte sich auch die äußere Gestalt der Erdoberfläche ständig. Dort, wo die innere Glut es nicht schaffte, bis zur Oberfläche durchzudringen, reichte ihr Druck immerhin noch aus, die Erdhaut gleichsam auszubeulen. Man kann sich auch vorstellen, daß das Magma unter seiner Erdhaut hin- und herschwappte, daß es zu unterirdischen Strömungen kam, die dazu führten, daß sich die Haut an der einen oder anderen Stelle anhob oder auch senkte, der Fels der Erdkruste absackte und einbrach.

Von dem Moment an, da Magma zu Fels erstarrte – wir bezeichnen diesen Fels heute als Granit und Basalt – war das neu entstandene Gestein auch schon wieder der Zerstörung ausgesetzt. Wir kennen diesen Prozeß als Verwitterung.

Wenn wir davon ausgehen, daß es die Sonne bereits gab und damit auch Temperaturschwankungen, ist es leicht vorstellbar, daß damit bereits ein erster Verwitterungsprozeß begann. Viel entscheidender aber war das Wasser.

In der die Urerde umgebenden Uratmosphäre befand sich Wasserdampf. Das haben wir bereits vorher bei der Abkühlung der Erdglut vereinfacht festgestellt. Wir alle wissen, daß sich Wasserdampf bei Abkühlung als Flüssigkeit niederschlägt. Aus der Uratmosphäre hat sich Wasserdampf als Wasser auf der Erde niedergeschlagen. Und gerade Wasser hat den größten Anteil an der Zerstörung von Gestein. Das war damals so wie heute. Als Niederschläge in Form von Regen beispielsweise nagt es als Zahn der Zeit an jedem noch so harten Gestein, innen, indem es durch Ritzen und Risse eindringt, außen, indem es als über Jahrmillionen steter Tropfen den Stein höhlt.

Aufgrund der bereits angesprochenen Höhenunterschiede auf der Urhaut der Erde konnte das Wasser fließen und zusammen mit der Sonnenstrahlung einen Prozeß in Gang setzen, den die Wissenschaft sehr griffig als einen Kreislauf des Wassers und damit der Gesteine beschreibt. Gestein wurde zerstört, zerkleinert, mitgerissen, umgelagert und anderswo wieder abgesetzt. Aus Granit wurden Felsbrocken, Geröll und schließlich Sand. Niederungen wurden zu Seen und Meeren, in die Geröll und Sand geschwemmt wurde. In den Meeren sorgten Wasserströmungen dafür, daß untergegangene oder überschwemmte Berge und Gebirge angenagt und abgeschliffen wurden.

Innere Kräfte wie Magmaströmungen drückten Meeresböden hoch und falteten Gebirge, dafür sackten an anderen Stellen Gebirge ab und wurden zu Meeresgrund. Andere Teile der Erdkruste wurden durch die gewaltigen Kräfte bei der ständigen Umwandlung der Erdoberfläche zerquetscht oder in die Tiefe der Kruste zurückgedrückt, schmolzen im heißen Magma ein und tauchten als glühende Lava bei einem Vulkanausbruch wieder an der Oberfläche auf. Sie erstarrten zu Basalt und begannen erneut zu verwittern, wurden von Regen und Wind mitgenommen und irgendwo vielleicht als Düne in der heutigen Sahara oder als Schlick an der heutigen Nordseeküste abgelagert.

Und dem Wasser erging es nicht anders. Man schätzt, daß jeder Tropfen, der auf der Erdoberfläche bleibt, etwa 4000 Jahre braucht, um wieder dorthin zurückzukehren, wo er hergekommen ist.

Wenn es heute regnet, ist jeder Tropfen vor rund 4000 Jahren beispielsweise aus einem Meer verdunstet. Allen Tropfen, die über Bäche und Flüsse wieder ins Meer zurückfließen, werden unseren Nachkommen in ca. 4000 Jahren wieder als Regen, Hagel, Schnee oder Tau begegnen.

Wenn das keine faszinierende Vorstellung ist!

Der Aufbau der Gesteine

Der größte Höhenunterschied auf unserem Planeten, so wie er sich uns heute darstellt, beträgt rund 20 000 m. Ein guter Langstreckenläufer würde diese Entfernung in einer Stunde schaffen, wenn wir sie als Strecke auf eine Straße übertragen würden.

In Wirklichkeit geht das natürlich nicht. Der Höhenunterschied reicht nämlich vom höchsten Berg der Erde mit etwa 9000 m bis zur größten Meerestiefe in einem Tiefseegraben von rund 11 000 m. Wenn wir den Umfang der Erde in Betracht ziehen, ist ein Höhenunterschied von 20 km gar nicht bedeutend. Aus der Ferne einer Raumkapsel besehen, könnten wir unsere Erde mit einer Apfelsine vergleichen. Die durchschnittlichen Höhenunterschiede entsprechen den Unebenheiten der Apfelsinenschale.

1. Gestein besteht aus Mineralien

Was für uns eine schöne Landschaft ist, mit Hügeln, Felsen oder einem grandiosen Gebirgspanorama, ist für den Geologen das Forschungsgebiet seiner Wissenschaft. Er betrachtet jede natürliche Stelle auf der Erdoberfläche wie ein Detektiv und findet massenhaft die Spuren, aus denen er die Veränderungen auf und in der Erdkruste ablesen kann.

Was für uns ein Stein ist, der uns an jedem Gewässer fast magisch zwingt, ihn in eben dieses Gewässer zu werfen, was für einen Bauunternehmer schlicht Material, ist für den Geologen Gestein, das man ebenso bestimmen und untersuchen kann wie die Pflanzen, die ringsherum wachsen.

Gestein kann man zertrümmern, zerquetschen, schmelzen. Als kleinste Trümmerstücke finden wir Sand, am Strand beispielsweise. Gemeint ist hier nicht jener »Sand«, der als Gartenerde oder Humus aus verwesten Pflanzenteilen besteht. Gemeint ist vielmehr jene uns sichtbare »Steinheit«, in die wir einen »Stein«, den wir am Wegesrand finden, zertrümmern können. Die kleinsten Trümmer sind – sehr vereinfacht dargestellt – die Minerale, aus denen sich Gestein zusammensetzt. Am Beispiel Granit – das ist jenes gesprenkelte Gestein, das am häufigsten in der Erdkruste vorkommt – können wir die Zusammensetzung aus Mineralien am besten veranschaulichen.

Im wesentlichen sind es drei Gemengeteile oder Mineralien, aus denen sich Granit zusammensetzt: Man kann sie sich leicht merken: »Feldspat, Quarz und Glimmer, die drei vergeß' ich nimmer«.

Die großen hellen und spiegelnden Mineralkörner sind Feldspäte. Sie sind weiß, grau und manchmal auch rötlich. Die milchig weißen Körner bestehen aus Quarz; sie geben dem Granit seine große Härte. Die glänzenden Schuppen sind Glimmer. Da der Granit in vielen Abarten vorkommt, tritt bei einigen davon als weiteres Mineral Hornblende hinzu. Das sind die länglichen schwarzen oder grünlichen Kristalle, die man mitunter im Granit erkennen kann.

Jetzt wird es vielleicht verwirrend, denn es taucht zu dem Begriff Mineral als einheitlichem Bestandteil, aus dem sich Gestein zusammensetzt, der Begriff Kristall auf.

2. Kristalle sind Bauformen der Mineralien

Die etwa 2000 verschiedenen Mineralien, die in der Natur vorkommen, haben fast alle die Gestalt von Kristallen. Ohne eine solche Gestalt, d. h. gestaltlos (amorph heißt der griechische Fachausdruck dafür), treten vor allem Gläser und der Edelstein Opal auf. Alle anderen Mineralien sind bei genauerem Hinsehen Kristalle, die nach einer bestimmten Gesetzmäßigkeit gewachsen sind, so, als hätten bestimmte Baumeister dafür gesorgt, daß verschiedene ebene Flächen das Mineral begrenzen. Entsprechend ihrem Bauprinzip werden Minerale in Kristallsysteme gegliedert; das sind die unterschiedlichen geometrischen Formen, die die Natur als Baumeister sich geschaffen hat.

Die klar erkennbare Gestalt von Kristallen kann sich nur dann herausbilden, wenn das entsprechende Kristall ungehindert wachsen kann. Es gibt aber auch Verwachsungen, nämlich dann, wenn Kristalle ineinanderwachsen.

Solche Gruppierungen von Kristallen wachsen ohne »Vernunft«, ballen sich zu unregelmäßigen Klumpen zusammen, ihre Gestalt wird körnig oder faserig. In der Fachsprache nennt man derartige Kristallformen Kristallaggregate. Solche Aggregate können die Form von Pflanzen oder kleinen Bäumchen annehmen; sie sehen aus wie versteinerte Pflanzen, bestehen aber z. B. aus Kupfer oder Mangan. Man nennt diese Aggregate »Dendriten«.

Wenn wir unseren Granitbrocken noch einmal in die Hand nehmen, stellen wir bei ganz genauem Hinsehen also fest, daß er in seinen drei Hauptmineralien aus mehr oder weniger deutlich erkennbaren Kristallen besteht. Kommt Hornblende dazu, fällt die Kristallform dieses Minerals noch deutlicher ins Auge (Bild S. 22).

Kristalle können wir uns selber züchten.

Kristalle aus Alaun

Dazu kaufen wir uns für wenige Pfennige ein paar Gramm Alaunsalz in einer Apotheke.
Mit einem Teil des Alaun setzen wir eine gesättigte Lösung an, d. h. wir lösen das Salz in Wasser durch Umrühren vollständig auf. Nachdem sich diese Lösung abgesetzt hat, gießen wir den oberen, klaren Teil ab. Der untere Rest ist voll gesättigt.
Wenn das Glas mit dieser Lösung offen stehen bleibt, verdunstet ein Teil der Flüssigkeit. Auf dem Bodensatz bilden sich kleine Kristalle – in unserem Fall Alaun-Oktaeder.
Der Rest der Lösung kann jetzt vorsichtig abgeschüttet werden. Von den kleinen Kristallen auf dem Boden des Glases suchen wir mit einer Pinzette die besten Einzelstücke aus und legen sie einzeln in andere Gläser,

Melaphyr und Basaltbrocken (Eruptivgestein, Ergußgestein)

Basalt mit Einschlüssen

Granitbrocken und Syenit (Eruptivgestein, Tiefengestein)

Kristallbildung Alunit (Alaunstein)

in denen vorher mit Alaun wieder eine gesättigte Lösung vorbereitet worden ist. Diese Einzelkristalle wachsen langsam zu immer größeren Kristallen heran.

Solche gezüchteten Kristalle sind freilich keine Mineralien, weil sie nicht natürlich in einem Gestein unter den entsprechenden Bedingungen entstanden sind. Sie sind auch nicht »steinhart«.

Daraus wird bereits deutlich, daß nicht alle Substanzen, die die Form von Kristallen haben, Minerale sein müssen, d. h. Gestein sind. Das können wir ganz leicht am Beispiel Zucker und Kochsalz beweisen.

Form und Farbe von Zucker und Salz sind »kristallklar« wie man landläufig so schön sagt. Gemeint ist damit farblos klarer Kristall wie z. B. Bergkristall. In Wasser lösen sich diese Kristalle auf und geben Geschmack. Versuchen Sie das doch einmal mit einem Stückchen Granit anstelle des Würfelzuckers oder mit einem Bergkristall anstelle von Kandiszucker.

Andererseits könnten Sie mit Ihrem selbstgezüchteten Alaunkristall doch mal die Suppe salzen. Auflösen wird er sich mit Sicherheit, denn letztlich ist er ein gezüchteter Salzkristall.

Nach dieser ungewollten Exkursion in die Kaffeetasse und in den Suppentopf zurück zum Gestein, zu dem, das aus der Tiefe kam.

3. Tiefengestein Granit

Gesteine aus glutflüssigen Schmelzen des Erdinneren, also aus dem Magma des Erdmantels, bilden zu 95% den Baustoff der Erdkruste. Dabei scheint es ziemlich sicher zu sein, daß von der ehemaligen Erstarrungshaut der Urerde an unserer heutigen Erdoberfläche kaum noch ein Steinchen zu finden ist. Dazu hat der Kreislauf der Gesteine vermutlich zu gut funktioniert.

Nach all dem, was wir am Anfang vereinfachend als Spekulation in den Raum gestellt haben, müßte die Urhaut der Erde aus Granit bestanden haben.

Granit, wie wir ihn heute vorfinden, ist in der Erdkruste auf dem Weg an die Oberfläche steckengebliebenes Magma, das in der warmen Erdtiefe nur langsam erstarrte. Erst bei späteren Hebungen gelangte es an die Erdoberfläche. Man nennt das Erstarrungsgestein Granit daher Tiefengestein oder nach Pluto, dem altrömischen Gott der Unterwelt, auch Plutonit (Bild S. 22).

90% aller Tiefengesteine bestehen aus Granit. Der Granit ist das weitaus häufigste Gestein der bisher bekannten äußeren Erdkruste bis zu einer Tiefe von 16 km. Daß er auf der Erdoberfläche relativ selten anzutreffen ist, liegt daran, daß er von anderen Gesteinen bedeckt ist.

Weil unter der schützenden Decke aus anderem Gestein die Schmelze oder das Magma nur langsam in der Erdkruste abkühlen konnte, hatten die verschiedenen Mineralien reichlich Zeit, nach und nach ihre Form zu finden, d. h. auszukristallisieren. Granit wirkt daher recht grobkörnig, wenn man »Korn« und »Kristall« gleichsetzt.

Bei der Besichtigung eines Granitsteinbruchs zeigt sich deutlich eine ziemlich starke Zerklüftung der Granitschichten. Der Granit erstarrte unter dem Druck der auf ihm liegenden Deckenschichten oder Deckgesteine. Er nahm eine Erstarrungsform an, die parallel zur Erdoberfläche Schichten zeigt. Wurde das Deckgestein über dem Granit abgetragen, durch Verwitterung oder Erdbewegungen an der Oberfläche, wurde der Druck geringer, » fiel eine Last dem Granit von den Schultern«, er konnte sich nach oben hin ausdehnen. Dabei öffneten sich Klüfte parallel zur Erdoberfläche, die die Granitschicht in einzelne Bänke zergliederten, daher der Fachausdruck Bankung. Diese Bankung ist neben der Grobkörnigkeit der Beweis dafür, daß Granit in großer Erdtiefe erstarrt sein muß. Bei einer normalen Verwitterung an der Oberfläche kann es zu einer solchen Bankung nicht kommen.

4. Ergußgestein Basalt

Glühendes Magma kommt durch Vulkanschlote als flüssige Lava direkt auf die Erdoberfläche. Dort erstarrt Lava zu Basalt. Weil dieses Gestein sich durch Vulkanausbrüche über die Erde ergießt, nennt man es Ergußgestein oder Vulkanit (Bild S. 21).

Am Ätna z. B. tritt die Lava mit einer Temperatur von etwa 1200 °C aus und erstarrt bei rund 600 °C. Die Schmelze entsteht zur heutigen Zeit der Erdgeschichte in der Erdtiefe durch Aufschmelzung anderer Gesteine, die nach Erdfaltungen in die Tiefe gelangt sind. Es sucht sich also nicht mehr wie zu Urzeiten das ursprüngliche Magma ein Druckventil, um Dampf abzulassen, damit der Planet nicht platzen möge. Dazu haben sich in Jahrmilliarden die Verhältnisse bereits zu sehr stabilisiert.

Lavafeld

Für den Erstarrungsvorgang von Lava auf der Erdoberfläche gibt es ein paar wichtige Merkmale. Zunächst geht das alles viel schneller als im Innern der Erdkruste mit dem Granit. An der Oberfläche kühlt der Lavastrom schneller ab als ein paar Meter darunter. Bereits erstarrte Brocken werden mitgeführt und bleiben irgendwo stecken. Mitunter reißt die gerade erstarrte Gesteinshaut durch die Fließbewegung wieder auf, einzelne Gesteinsbrocken werden übereinandergeschoben. So bildet sich die rauhe und zackige Oberfläche der Lavaströme, auf denen wir uns noch nach 100 Jahren die Schuhsohlen durchlaufen können. Erst wenn der Zeitzahn der Verwitterung lange genug nagen konnte, wird so ein Lavafeld schön rund.

Die reine Oberfläche zeigt aber noch keine typischen Merkmale von erkalteter Lava, also Basaltgestein. Dafür muß man schon einige Stockwerke tiefer gehen, in den Bereich, in dem die Schmelze in Ruhe abkühlen konnte. Was wir dort finden, ist, auch wenn es eines Tages freigewittert sein sollte, auf den ersten Blick eine dunkelgraue eintönige Gesteinsmasse. Nehmen wir aber ein Stück Basalt in die Hand und halten es ans Licht, erkennen wir auch hier winzige Kristalle, die kleinsten Bausteine von Basalt (Bild S. 21).

An dieser Stelle erscheint mir zum besseren Verständnis des Aufbaus von Gestein ein kurzer Abstecher in die Chemie ganz nützlich. Fast jeder Baustein von Gestein besteht aus mehreren verschiedenen Baustoffen, die wir Grundstoffe nennen. In der Chemie heißen diese Grundstoffe Elemente.

Elemente sind jene Substanzen, welche sich durch chemische Vorgänge nicht mehr in andere Stoffe zerlegen lassen. Man kennt heute rund 100 verschiedene Elemente. Der obere Teil der Erdkruste (bis zu 16 km Tiefe) baut sich im wesentlichen aus 8 Elementen auf.

Einen besonders hohen Anteil am Aufbau der Erdrinde haben gewichtsmäßig Sauerstoff (mit fast 50%) und Silizium (mit über 25%). Silizium ist das wichtigste gesteinsbildende Element, ein dunkelgraues, undurchsichtiges, glänzendes Halbmetall. Kaum zu glauben, daß die Luft, die wir

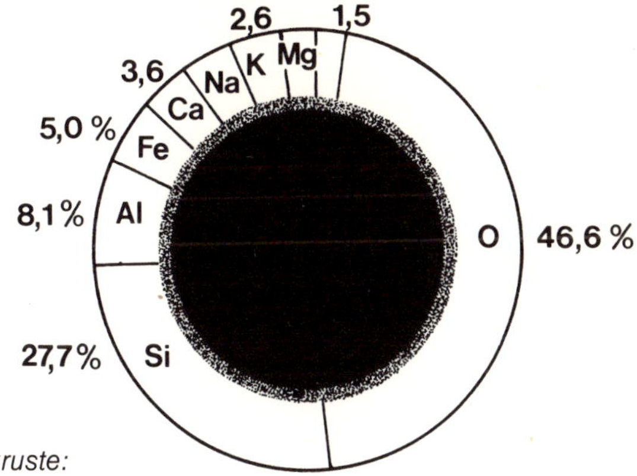

Elemente der Erdkruste:

O = Sauerstoff, Si = Silicium, Al = Aluminium, Fe = Eisen, Ca = Calcium, Na = Natrium, K = Kalium, Mg = Magnesium

atmen, nur zu 21% aus Sauerstoff besteht und das Gestein, auf dem wir stehen, zu fast 50%! Glaubhafter wird das Ganze schon, wenn wir feststellen, daß diese Elemente in Gesteinen selten oder nie in reiner Form auftreten, sondern fast ausschließlich miteinander zu Bausteinen, nämlich Mineralien, verbunden sind, also chemische Verbindungen eingehen. Von den über 2000 heute bekannten Mineralien gibt es kaum eines, das nur aus einem Element besteht. Mir fällt dazu lediglich der edelste und härteste Stein ein: der Diamant. Er besteht aus reinem Kohlenstoff, seltsamerweise ebenso der schwarze und weiche Graphit, aus dem unsere Bleistiftminen hergestellt sind.

Ein farblich ähnliches Mineral, der Bergkristall, der aus Quarz besteht, ist eine Verbindung von Silizium und Sauerstoff (Bild S. 2).

Quarz ist ein Mineral-Baustein des Erstarrungsgesteins Granit. Die übrigen Bausteine von Granit und auch Basalt sind im wesentlichen weitere andere Verbindungen von Sauerstoff, Silizium und den übrigen die Erdkruste bildenden Elementen. Diese Verbindungen aus Quarz und anderen Elementen nennt man Silikate. Je größer der Anteil an Quarz ist, umso heller ist ein Gestein. Wird der Anteil anderer Elemente größer, wie zum Beispiel der des Metalls Eisen oder Magnesium, erscheint die Mineralfarbe dunkler. Obendrein wird so ein Mineral und damit auch das Gestein bei Eisenhaltigkeit auch schwerer.

Wir können also aus der Farbe und dem Gewicht des Gesteins Rückschlüsse auf die Zusammensetzung der Grundstoffe ziehen: Dunkle, schwere Erstarrungsgesteine sind reich an Eisen und Magnesium, helle, leichte dagegen enthalten wenig Eisen und Magnesium, dafür sind sie reich an Quarzkristallen.

Kehren wir mit den Erkenntnissen dieser »chemischen Exkursion« zurück zum Basalt. Seine Farbe ist dunkel, weil er zu 50% aus eisen- und magnesiumhaltigen Mineralen besteht. Helle Bestandteile sind allein Feldspat. Quarzkristalle haben sich infolge der raschen Abkühlung normalerweise nicht bilden können. Die Zeit der Erstarrung war zu kurz, um grobkörnige Kristalle entstehen zu lassen. Beim Basalt konnten sich nur feinkörnige Kristalle ausbilden.

Trotzdem finden wir in dem feinkörnigen Vulkangestein Basalt manchmal zahlreiche recht große Kristalle. Wie kommt das? Diese Einschlüsse sind Gesteinsbrocken, die von der Lava aufgenommen und von ihr eingeschmolzen wurden. Durch das Umschmelzen konnten so neue Minerale entstehen: Edel- und Schmucksteine beispielsweise (Bild S. 32).

Außerdem taucht Basalt manchmal in gesprenkelter Farbe auf. In der feinkörnigen Grundmasse sind deutlich etwas größere Kristalle zu erkennen. Diese Einsprenglinge sind Minerale, die bereits frühzeitig in der Tiefe auskristallisieren konnten und als fertige größere Kristalle mit dem Schmelzfluß an die Oberfläche schwammen. Dort erstarrte die Lava dann schnell zu der besagten feinkörnigen Masse, die die Einsprenglinge umschließt.

Ein weiteres Merkmal für an der Erdoberfläche erstarrtes Gestein finden wir in Basalt-Steinbrüchen (Bild S. 31). In diesen Steinbrüchen fallen senkrecht oder schräg stehende Klüfte – bei Granit waren sie mehr oder weniger waagrecht – auf, die den Basalt in einzelne Säulen zerlegen. Bekanntermaßen zieht sich alles Material bei Kälte zusammen. Diese Säulenform ist eine Folge der beim Abkühlen der Lava auftretenden Schrumpfung. Hätte die Schrumpfung unterirdisch stattgefunden, so hätte die darüberliegende Steindecke den Basalt plattgedrückt. Da der Basalt aber seitliche Risse aufweist, zu Säulen werden konnte, läßt das den Schluß zu, daß Basalt an oder dicht unter der Erdoberfläche erstarrt ist. Wenn wir derartige Basaltsäulen heute auch schräg antreffen, liegt das allein daran, daß die Säulen später durch Erdbewegungen aus ihrer senkrechten Lage gekippt wurden.

Nach all dem, was wir jetzt über die Erstarrungsgesteine wissen, dürfte eines mit Sicherheit feststehen: Versteinerte Zeugen frühen Lebens auf der Erde, Versteinerungen also, können in Granit und Basalt unmöglich vorkommen. Wenn der Glutfluß der Lava Gesteinsbrocken umschmelzen konnte, hat er jede Pflanze und jedes kleine Lebewesen zu Asche verbrannt und aufgelöst.

5. Neues Gestein durch Verwitterung

Wie wir bereits wissen, setzen Sonne und damit verbundene Temperaturunterschiede, Wind, Wasser und viele andere Einflüsse den Verwitterungsprozeß der Gesteine in Gang. In Millionen von Jahren wurden ganze Berge und Gebirge aus Fels zu Sand. Dieser wurde vom Regen in die Bäche, Flüsse und Meere geschwemmt, sackte dort ab und blieb zunächst als Schlamm liegen. Neue Sandschichten setzten sich darauf, die unteren Schichten wurden immer mehr zusammengepreßt. Die kleinen Quarzkörner des Sandes rückten durch ihr Gewicht immer enger zusammen, das Wasser entwich nach oben, die Quarzkörner verbanden sich miteinander, ganz allmählich entstand aus Sand Sandstein. Schlamm ist zu Gestein geworden. Das Material Schlick und Sand, aus dem sich das neue Gestein bildete, nennen wir Sediment. Dieser Ausdruck ist von dem lateinischen Wort »sedimentum« abgeleitet und bedeutet »das Sichsetzen« oder »Ablagern«. Gesteine aus Sedimenten heißen deshalb

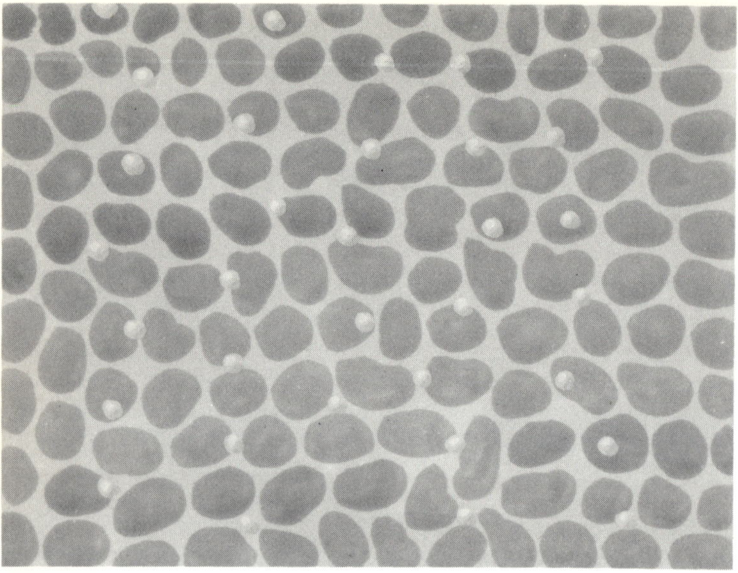

Entstehung von Sedimentgestein

Sedimentgesteine oder zu deutsch Absatzgesteine. Gesteine sind also Baumaterial für neue andere Gesteine.

Natürlich ist die Entstehung von Sedimentgesteinen hier ebenso vereinfacht beschrieben worden, wie es auch in allen anderen Kapiteln geschah. Unser kurzer Ausflug in die Chemie hat ja bereits deutlich gemacht, daß chemische Prozesse wesentlich mit zur Gesteinsbildung beitragen. So sind z. B. im Wasser gelöste Stoffe das Bindemittel für die Quarzkörner, die sich zu Sandstein verbinden. Und natürlich spielen – seit es »Leben« auf der Erde gibt – auch Pflanzen und Tiere durch ihre Lebenstätigkeit bei der Bildung von Sedimenten und dem daraus entstehenden Gestein eine Rolle, so z. B. bei der Entstehung von Kalkstein in den Meeren durch Kalkablagerung von Schalen der Muscheln oder anderer Organismen oder bei der Entstehung von Riffen aus Korallen, Schwämmen und Algen.

Basalt-Steinbruch

Sandsteinbruch

Granateinsprenglinge in Glimmerschiefer aus dem Zillertal (Senckenberg-Museum, Frankfurt)

Achatdruse

Sedimentgesteine finden wir heute überwiegend dort, wo einstmals Meere waren. Das freilich schließt nicht aus, daß Absatzgestein nicht auch an Land, beispielsweise in Wüstengebieten, entstehen konnte und kann.

Die Art und Weise der Entstehung von Sedimentgestein läßt bereits deutlich werden, daß und auch warum es allein in diesen Gesteinsarten, also in Sandstein, Kalkstein, Tongesteinen, Mergel, Kohle und Kreide zur Versteinerung von Resten jener Lebewesen kommen konnte, die zur Zeit der Ablagerung des Gesteins in den damaligen Meeren lebten und starben.

Für jeden Hobby-Geologen ist also wichtig zu wissen: Nur in Absatzgestein kommen Versteinerungen oder Fossilien vor, wie der lateinische Fachausdruck dafür heißt (fossilis = ausgegraben).

6. Hitze und Druck wandeln Gestein um

Wir haben im Zusammenhang mit dem »Kreislauf der Gesteine« bereits kurz angedeutet, daß jede Art von Gestein zu neuem Gestein umgewandelt werden kann.

Die Hitze der glutflüssigen Gesteinsschmelze von Lava, die sich über Erstarrungs- und Sedimentgestein ergießt, verändert die bereits vorhandene Gesteinsschicht. Wenn man bedenkt, daß Temperaturen von 1000 °C auf das ältere Gestein nach unten einwirken, kann man sich leicht vorstellen, wie so eine Gesteinsschicht »reagiert«.

An der Grenze zwischen Lava und Gestein, dem sogenannten Kontakt, wurde das ältere Gestein regelrecht umgeschmolzen. Aber auch in den tieferen Schichten reichte die Temperatur immer noch aus, um Gestein umzuwandeln: Weiches Gestein wurde härter und spröder. Unter der Hitzeeinwirkung sammelten sich die Quarzkörner von Sandstein beispielsweise zu neuen größeren Kristalleinheiten, die miteinander zu einem Mosaik verzahnten und zusammenwuchsen. Das gesamte Gesteinsgefüge änderte sich, aus Sandstein wurde Quarzit.

Wie wir bereits aus dem Kapitel über die Entstehung von Granit wissen, hat sich das Magma nicht immer bis an die Erdoberfläche hochdrücken können. Die Schmelzen sind häufig unter einem bereits fertiggefalteten Gebirgsdach steckengeblieben, haben Gebirgsdächer angehoben, Falten auseinandergeschoben. Granitische Schmelzen stießen manchmal im wahrsten Sinne des Wortes auf Granit. Auch hier kam es zu Gesteinsumwandlungen: Aus dem aufgefalteten Sedimentgestein der Gebirge entstanden durch Hitzeeinwirkung härtere und sprödere Gesteine (Hornfelse), die dem Feuerstein gleichen.

Wenn von einer nahen Schmelze hohe Temperaturen und in Verbindung damit auch heiße und chemisch aggressive Dämpfe und Lösungen auf anderes Gestein einwirken, verändert dieses Gestein sein Gefüge. Kalkstein wandelt sich in Marmor um, weil auch hier, wie beim Sandstein die kleineren Kristalle des Kalkspats zu größeren Kristallen zusammenwachsen. Das Gestein wird grobkristallin.

In den tieferen Stockwerken der Erdkruste konnten durch aufsteigendes Magma selbstverständlich auch Umwandlungsgesteine entstehen. Hier freilich spielte der Druck der oberen Erdschichten eine zusätzliche Rolle. In diesem Falle wurde das Tiefengestein Granit in Gneis umgewandelt. Im Gegensatz zu Granit sind im Gneis die Hauptminerale Quarz, Glimmer und Feldspat nicht regellos und ungeordnet verwachsen, sondern lagenförmig angeordnet. Wie Adern heben sich dabei die dunklen Lagen des Glimmers gegenüber den hellen Quarz- und Feldspatkristallschichten ab.

Gneis konnte aber auch aus Sedimentgestein entstehen. Sandstein- und Tonsteinbänke, die im Laufe von Jahrmillionen durch verschiedene Bewegungen und Faltungen in die Tiefe der Erdrinde abgesackt waren, wurden durch Hitze und Druck in harte Kristallisationsebenen geschichtet und zu neuem kristallinen Gestein vereint.

In den Umwandlungsgesteinen konnten völlig neue Minerale dann entstehen, wenn Stoffe oder chemische Elemente im Gestein wanderten. Transportmittel für die Stoffe war vor allem das Porenwasser, das auch in größerer Erdtiefe noch vorhanden ist. Ein Verdunsten des Wassers ist unter Luftabschluß ja nicht möglich. Unter dem hohen Druck werden Stoffe im Porenwasser gelöst und vereinen sich dann anderswo mit den dort vorhandenen Mineralien zu neuen chemischen Verbindungen, zu neuen Mineralkombinationen.

Solche chemischen Lösungen können als breite Fronten allmählich die Nachbargesteine durchdringen, ähnlich wie Tinte das Löschpapier, und ganze Schichten neuer Mineralien schaffen.

Wenn nach Gebirgsfaltungen kristalline Gesteine erneuten Druckeinwirkungen ausgesetzt waren, konnten in unterirdischen Spalten und Klüften von umgewandelten Granitgesteinen besonders schöne Kluftminerale in ganzen Stufen oder zu zentnerschweren Einzelkristallen heranwachsen. Ein solches begehrtes Quarzmineral ist der Bergkristall, der in Quarzbändern der Alpen gefunden wird.

Andere schöne Minerale kommen als Einsprenglinge in Umwandlungsgesteinen vor, so zum Beispiel der Granat, der im Granatglimmerschiefer gefunden wird.

Glimmerschiefer ist wie Gneis der Sammelbegriff für eine Gruppe von kristallinen Gesteinen, die durch Umwandlung unter Hitze und hohem Druck entstanden sind. Vom Gneis unterscheidet er sich lediglich durch das Zurücktreten des Minerals Feldspat. Der Ausdruck Schiefer besagt, daß dieses Gestein in seine Mineralien Glimmer und Quarz geschichtet ist. Bei der Umwandlung des ehemaligen Sedimentgesteins sprossen durch das Eindringen der vorher beschriebenen Lösungen inmitten der Glimmer- und Quarzkristalle neue Granatminerale, die von den anderen Mineralen gewissermaßen umflossen wurden. Die wachsenden Granatkristalle waren offensichtlich stark genug, um sich größer ausbilden zu können, hinderten die umgebenden Kristalle, sich auszubreiten und setzten ihre Form durch. Die bräunlich-roten Granatminerale sind mit ihren gut ausgebildeten Kristallflächen typische Einsprenglinge in Umwandlungsgesteinen. Sie wurden früher in den Alpenländern zu wunderschönen Schmuckstücken verarbeitet (Bild S. 32). Je nach den Stoffen bzw. chemischen Elementen, die in den Porenwasserlösungen von Umwandlungsgestein vorhanden waren und sind, konnten sich die verschiedensten Mineralien bilden, die als Edel- und Schmucksteine sowie Kristalle begehrt und kostbar sind.

Edle Mineralien konnten sich natürlich auch in der sich an der Erdoberfläche abkühlenden Lava ausbilden. In der glutflüssigen Masse formten sich nach dem Abkühlen dort Hohlräume, wo vorher Dämpfe Blasen blubbern ließen. In diesen Blasenräumen konnten die Kristalle besonders schön und groß auswachsen.

In Basaltsteinbrüchen, wie in der Umgebung von Idar-Oberstein, findet man in ehemaligen großen Blasen heute Achatdrusen. Das sind die mit schönen Quarzkristallen und anderen Mineralien gefüllten ehemaligen Blasen-Hohlräume der Lava. Edle Steine lassen sich zum Teil also auch im Erstarrungsgestein Basalt finden (Bild S. 32).

Wir können am Schluß dieser Exkursion in die durch Hitze und Druck verwandelten Gesteine also als Erkenntnis festhalten: Diese kristallinen Umwandlungsgesteine enthalten jene Mineralien, die für den Sammler und Hobby-Geologen als Schmucksteine von Wert sein können. Fossilien, das dürfte durch die Art der Entstehung von Umwandlungsgestein wohl deutlich geworden sein, werden wir in dieser Gesteinsart nicht mehr oder wohl kaum noch finden können.

Wie Fossilien entstehen

Fossilien sind nicht immer die Reste ehemaliger Lebewesen. Man findet häufig nur Abdrücke im Sedimentgestein, aus denen sich ein körperliches Fossil abformen läßt.

Am häufigsten entdeckt man Steinkerne, das sind mit Sedimenten ausgefüllte Hartteile ehemaliger Lebewesen, so z. B. Panzer oder Schalen. Die Steinkerne sind immer die Innenausgüsse der ehemaligen Gehäuse von Lebewesen. Das Gehäuse selbst hat sich aufgelöst.

Eine Variante des Steinkerns ist der Skulptursteinkern oder Prägekern. Er kann sich bilden, wenn einem Steinkern beim Auflösen der Schale im noch plastischen Gestein die Skulptur der Schalenaußenseite aufgeprägt wird.

Eine Versteinerung kann nur dann entstehen, wenn ein Lebewesen nach seinem Tod in Schlamm und Sand so rasch eingebettet wird, daß es nicht vollständig verwesen und sich auflösen kann. Fossilien entstehen also nur, wenn sie in Sedimenten liegen, aus denen sich ein Sedimentgestein bildet. Mit der Einbettung eines Lebensrestes in eine Ablagerung sind die Hartteile den Veränderungen der Gesteinsbildung unterworfen. Das lockere Material setzt sich über einem eingeschlossenen Fossil ab. Neue Ablagerungen erhöhen die Auflast und pressen das Darunterliegende zusammen. Das Wasser aus den Porenräumen zwischen den Sandkörnern entweicht nach oben. Die Ablagerung verfestigt sich. Die vom neu entstehenden Gestein umschlossenen Organismen lösen sich unter dem Einfluß von im Restporenwasser gelösten Stoffen auf, dafür dringen andere gesteinsbildende Stoffe durch die Schalen oder Panzer oder auch durch die Poren von Skeletteilen ein und ersetzen Teilchen für Teilchen die ausgeschiedenen Stoffe. Es kommt zu einem regelrechten Stoffaustausch.

Einbettung eines Fossils in Sedimentgestein

Auf diese Weise entsteht ein Steinkern mit dem gleichen Erscheinungsbild wie das ehemals lebende Original. Je feinkörniger die beteiligten Gesteinsbreie und Schlammablagerungen sind, desto naturgetreuer sind die Neubildungen als Fossilien.

Versteinerungsmittel sind in der Hauptsache Kalke und Kieselsäure, aber auch Verbindungen aus Eisen und Schwefel wie z. B. Pyrit.

Durch den Druck der Ablagerungen können die eingeschlossenen Fossilien ihre ursprüngliche Gestalt verändern. Gewölbte Schalen von Muscheln können flachgedrückt, senkrecht eingelagerte Objekte zusammengestaucht werden. Häufig finden wir demnach Versteinerungen, die nicht mehr Abbilder, sondern allenfalls noch Zerrbilder ihrer ursprünglichen Gestalt abgeben. Wenn Fossilien dem Druck gebirgsbildender Kräfte unterworfen werden, können sie besonders stark verzerrt, gequetscht oder bis zur Unkenntlichkeit überprägt werden.

Da die meisten Sedimentgesteine auf dem Grund von Meeren entstanden sind und fortwährend entstehen, sind die meisten Versteinerungen, die der Hobby-Geologe findet, die Reste ehemaliger Meeresbewohner, die nach ihrem Absterben zu steinernen Zeugen der Entwicklung des Lebens auf unserem Planeten wurden.

Gut erhaltene Gehäuse von größeren Meeresbewohnern finden wir in dünnplattigem Tongestein ebenso wie in normalen Tongruben. Diese Fossilien, Krebse oder Tintenfische, sind nicht sofort als solche erkennbar, denn sie tauchen gleichsam in einer Konserve auf. Sie sind verpackt oder

Konkretionen mit Ammoniten

eingebacken in Kalkstein. Diese Gebilde, die faust- oder kopfgroß gefunden werden können, sehen aus wie große Linsen. Diese Knollen nennt der Fachmann Konkretionen. Äußerlich sind sie für den Laien von einem normalen Stein kaum zu unterscheiden. Sie haben es aber in sich: Schlägt man sie mit dem Hammer auf wie eine Nuß, enthüllt der schützende Kalkmantel meistens ein recht gut erhaltenes Fossil in seiner ursprünglichen Form.

Bei diesen aus ihrer Schale geknackten Versteinerungen handelt es sich um Meerestiere, die nicht nur als Steinkern, sondern in unveränderter Form vollkörperlich erhalten sind. Die Schwierigkeit besteht freilich darin, z. B. einen Krebs aus seinem Steinsarg herauszulösen, ohne ihn zu zerschlagen. Dem Anfänger wird das mit Sicherheit nicht gelingen, denn dazu bedarf es schon großer Fachkenntnisse und noch mehr an Zeit und Geduld.

Wie kommt es zu dieser Art von Fossilation? Wieder muß der Kadaver des betreffenden Tieres verhältnismäßig schnell im Tonschlamm eingebettet sein, bevor nämlich die Weichteile sich zersetzen können. Beim Verfaulen des Weichkörpers unter Luftabschluß entsteht unter anderem Ammoniak, der das chemische Gleichgewicht der im Porenwasser um den Kadaver herum gelösten Stoffe stört. Dabei wird insbesondere der im Porenwasser gelöste Kalk seines Verbindungspartners beraubt. Er wird als fester Mineralbestandteil ausgeschieden und setzt sich am Kadaver ab. Da im Porenwasser nun aber weniger Kalk gelöst ist als im übrigen Schlamm, wandert gelöster Kalk im Porenwasser nach. Die aus dem Meerestier entweichenden Fäulnis-Verbindungen bewirken erneut eine Ausscheidung des Kalks, der sich dann auf dem bereits abgesonderten Kalk absetzt. Dieser Vorgang wiederholt sich immer wieder – bis die Konserve bzw. Konkretion die Hartteile des Meerestieres fest umschließt und vor Verformung oder Auflösung bewahrt. Schalen und Weichteile unter den Schalen sind durch das Eindringen gesteinsbildender Stoffe fossiliert worden.

Nicht alle Kalkknollen sind fündig, viele sind »taub« wie Nüsse. Das liegt daran, daß in solchen Konserven Meerestiere eingebettet wurden, die keine erhaltungsfähigen Hartteile wie Schalen oder Panzer besaßen. Diese Organismen wurden ohne erkennbare Gestalt völlig zu Gestein umkristallisiert.

Im Tongestein, das bei seiner Entstehung wegen des hohen Wasseranteils im Tonschlamm zu dünnen Schichten zusammengepreßt wurde, wenn das Porenwasser entwich, findet man neben den plastisch gut erhaltenen Fossilien in der schützenden Kalkumhüllung auch Versteinerungen (von Tintenfischen z. B.) die, genauso wie der Tonstein zu Schiefertonplatten, zu ebenso dünnen platten Fossilien zusammengedrückt wurden.
Je mehr Tonsteinschichten sich ablagerten, umso mehr wurden die unteren Schichtstapel zu Schichtplatten zusammengedrückt.

Zu den Prozessen der Fossilation zählt weiter die Verkrustung, bei der die Körper durch Mineralausscheidungen von einer Kruste überzogen werden.

In anderen Fällen dringen mineralische Lösungen in die Organismen ein und imprägnieren sie. So hat sich Holz versteinert erhalten, nachdem es mit Kieselsäure durchtränkt wurde; es entstand Kieselholz, einmal eine ganz andere Art von landläufigen »Kieselsteinen« (Bild S. 57).

Unter Kieselsäure versteht der Wissenschaftler, der sich mit Mineralien befaßt, der Mineraloge also, eine Verbindung von Silizium und Sauerstoff. Siliziumdioxid heißt diese Verbindung exakt für den Chemiker. Und damit sind wir wieder bei unserer Exkursion in die Chemie angelangt.

Wir erinnern uns: Silizium ist das gesteinsbildende Element, das in Verbindung mit anderen Stoffen die Minerale bildet, aus dem Gestein entsteht. Aus Siliziumdioxid besteht Quarz und als besonders schöne und große Ausbildung der Bergkristall.

Wie kommt es nun, daß Quarzkristalle als flüssige Lösung herumschwimmen und in Form von Kieselsäure Holz durchtränken und imprägnierend versteinern lassen?

Sicher scheint zunächst, daß Siliziumdioxid in verschiedener Form auftreten kann, kristallin als Quarz und nicht kristallin als Säurelösung mehr oder weniger flüssig.

Um nun unsere Frage beantworten zu können, müssen wir unseren Ausflug in die Chemie ein wenig ausdehnen:

Die Grundstoffe der Natur, die Elemente, sind noch längst nicht die kleinsten Baustoffe. Jedes Element läßt sich in seine Urbestandteile zerlegen, solange, bis eine weitere Teilung praktisch nicht mehr möglich ist.

Das haben im Altertum bereits die guten alten Griechen Demokrit und Aristoteles gelehrt. Diese kleinsten Einheiten nannte Demokrit Atome (griechisch atomos = unteilbar).

Diese Atome sind es, die sich miteinander oder mit den Atomen anderer Verbindungen zusammenschließen und auf diese Weise neue Substanzen oder Stoffe bilden.

Elementar, d. h. ohne Verbindung seiner Atome mit den Atomen eines anderen Elements tritt in der Natur der Kohlenstoff auf. Wir erinnern uns: In Kristallform finden wir Kohlenstoff als Diamanten und seltsamerweise aber auch als Graphit. Die Erklärung dafür steht in Zusammenhang mit der Frage, warum Siliziumdioxid fest und flüssig sein kann.

Die Zusammensetzung von Atomen zu neuen selbständigen Einheiten, d. h. zu Teilchen, die in sich geschlossen sind, nennt man Moleküle in Anlehnung an das lateinische Wort (molecula = kleine Masse). Diese Moleküle bilden, wenn sie regelmäßig angeordnet sind, ein Gitter, so z. B. bei Kristallen. Die ebenen Flächen mit ihren charakteristischen Winkeln bei Bergkristallen beispielsweise sind Folge der regelmäßigen Gitteranordnung.

In festem Zustand sind die Moleküle ziemlich eng miteinander verbunden. In flüssigem Zustand wird die feste Ordnung bereits durcheinandergebracht, die gegenseitige Anziehungskraft der Teilchen bleibt aber noch stark genug, um die Substanz zusammenzuhalten. In gasförmigem Zustand, d. h. beim Verdampfen, wird dieser Verband dann aber gesprengt, die Moleküle bewegen sich völlig frei und unabhängig voneinander.

Je nachdem, in welcher Anordnung die Moleküle einer Substanz auftreten, nimmt diese eine bestimmte Eigenschaft an.

Beim Kohlenstoff verhält es sich ähnlich: Je nach Gitteranordnung und Bindung seiner Atome ist er hell und hart als Diamant oder weich und dunkel als Graphit.

Siliziumdioxid kommt in seinen Teilchen auch als eine Art Wasserglaslösung vor. Diese Moleküle verdichten sich zu Kieselsäure, die im Gegensatz zu reinem Quarz nicht aus Gittern, sondern aus groben Ketten und weitmaschigen Netzen besteht. Diese »Säure« schließlich versteinert zu formlosen (amorphen) Mineralien Opal, Achat und Feuerstein. Es handelt sich dabei um die gleiche chemische Substanz wie beim Bergkristall, lediglich ihre Struktur ist eine andere. Als eine Art Gel konnte Opal der Kieselsäure zum Imprägnierungsmittel von Holz ebenso werden wie zum Bindemittel zwischen Quarz der Sandkörner im Sedimentgestein.

Kehren wir zurück zur Fossilation. Ein weiteres Beispiel dafür, wie die Natur ihre Lebensurkunden selbst konserviert, liefert uns die chemische Verbindung aus Eisen und Schwefel: Die Mineralien Pyrit oder Markasit als Versteinerungsmittel, die im Volksmund Katzengold genannt werden, zaubern besonders schöne Erz-Fossilien.

In Kupferschiefer, einer erzführenden Faulschlammablagerung des ausgehenden Erdaltertums, versteinerten Fische mit einem Schuppenkleid aus gediegenem Kupfer. Die komplizierten chemischen Vorgänge bei diesen Stoffumwandlungen sind in ihren Einzelheiten noch nicht erforscht.

Versteinerte Pflanzen oder Reste davon findet man am häufigsten in Kohlenhalden. Ihr Gewebe hat sich meistens in Kohlestoffverbindungen umgewandelt (Bild S. 78).

Bei dem größten Teil der Fossilien, die wir heute noch finden, handelt es sich aber um Tiere, die im Wasser gelebt haben, weil Wasser – wie wir gesehen haben – die besten Voraussetzungen für die Erhaltung von Überresten in sich bildendem Sedimentgestein geboten hat. Landtiere und -pflanzen versteinerten überwiegend in Ablagerungen von Flüssen, Seen und Meeren. Man findet fossile Überreste von Landsäugetieren heute an denselben Stellen und unter den gleichen Ablagerungsbedingungen wie die Überreste von Fischen, Schildkröten und Krokodilen, ein Zeichen dafür, daß an diesen Stellen einmal ein Gewässer war.

Landtiere sind in großer Zahl vermutlich durch riesige Überschwemmungen – ausgelöst durch gewaltige Erdfaltungen zum Beispiel – in das feuchte Element gelangt und dort verendet.

Halten wir als wichtige Erkenntnis fest:

Versteinerungen konnten sich nur in Ablagerungsgesteinen bilden. Fossilien finden wir deshalb auch nur im sogenannten Sedimentgestein. Den besten Boden für die Fossilation bildete der Grund von Meeren, später von Seen und auch Flüssen.

Da die Fundstellen von Fossilien in der Bundesrepublik in Mittelgebirgen wie der Schwäbischen Alb oder der Eifel liegen, muß dort einmal ein Meer gewesen sein, aus dem sich eines fernen Tages Gebirge erhoben haben.

Das gleiche gilt für den gesamten Alpenraum, denn gerade in den Alpen findet man in zahlreichen Gebieten die unterschiedlichsten Arten von Versteinerungen.

Erdverschiebungen brachten Fossilien an Land

Wir hatten bereits festgestellt, daß die Erde noch längst kein ausgereifter Planet ist. Während seiner langen Geschichte hat sich sein Gesicht immer wieder verändert. Im Bereich des heutigen Mitteleuropa änderten sich in den letzten rund 400 Millionen Jahren das Verhältnis von Land und Meer mehrmals. Teile Mitteleuropas waren einmal eine Insel, dann wieder Meer und umgekehrt. Auch dort, wo heute die Alpen geradezu unerschütterlich herumstehen, hätte man baden können: im entsprechend vergrößerten »Mittelmeer«.

Durch Bewegung der damaligen Kontinente und Erdschollen, die im flüssigen Magma des Erdmantels »schwammen« und trieben, wurden die Meere mit ihrem Boden abwechselnd auseinandergezogen und zusammengedrückt. So konnten Erdschollen zusammenbrechen und versinken. So konnten andererseits aber auch die Ablagerungen in den Meeren zusammen mit der Masse des festen Gesteins des Meeresbodens zu riesigen Landmassen als Inseln und Kontinente hochgedrückt werden, mitsamt allen Versteinerungen in den Sedimentgesteinen des Meeresgrundes.

Da das verdrängte Meereswasser nicht einfach verschwinden konnte, überflutete es irgendwo anders wiederum flachere Erdinseln. Je mehr Landmassen sich aus dem Meer erhoben – z. B. durch den Druck von Magmamassen, die ihren Weg zur Erdoberfläche suchten, dabei aber in der Kruste steckenblieben und die Rinde ausbeulten – und je enger diese Landmassen an einigen Stellen der Erdoberfläche aufeinander zuschwammen, umso stärker wurde die Masse des Meeresbodens zusammengefaltet. Und dort, wo diese Falten auf festen Widerstand stießen, an den Landmassen, wurden die Faltenschichten hochgedrückt und lehnten sich an bestehende Landmassen an, kippten über sie und schichteten diese zu Höhenzügen auf. Versteinerungen aus einer Schicht des ehemaligen Meeresbodens gelangten in die heutigen Berglandschaften.

Wenn zwei Kontinentalschollen gleichzeitig auf eine Landinsel zuwanderten, wenn also von zwei Seiten Schicht für Schicht aufs Land gepackt wurde, konnten höhere Gebirge entstehen. Die Alpen, die vor rund 50 Millionen Jahren als Mittelgebirge aus dem Meer hochgefaltet wurden, wuchsen im Laufe von 35 Millionen Jahren zu Hochgebirge, weil die Erdschollen des damaligen Kontinents Afrika und des ehemaligen eurasischen Blocks zusammenrückten.

Wie zwischen den Backen eines Schraubstocks wurde der Meeresboden mit seinen vielen tausend Meter dicken Ablagerungen zusammengepreßt. Gewaltige Schübe beförderten Erdschichten Hunderte von Kilometern weit. Nebeneinander liegende Schichten wurden Decke für Decke übereinandergeschoben, zerteilt, steil aufgestellt, verbogen und gefaltet. Die Geschichte der Alpen liefert gleichzeitig die Erklärung dafür, warum in den Alpen Versteinerungen aus verschiedenen Alterszeiten der Erde gefunden werden.

Natürlich können wir uns vorstellen, daß die Verwitterung das Aussehen der Alpen genauso wie das aller anderen Erdmassen an der Oberfläche verändert hat. Und wenn wir uns die jüngste Geschichte der Erde, die Eiszeiten in Erinnerung rufen, die Zeiten, da die Eismassen wie riesige Hobel über Europa hinwegglitten, dann können wir uns auch vorstellen, wie groß die Veränderungen waren, die sie auf dem steinernen Antlitz der Erde bewirken konnten.

Fossilien – steinerne Urkunden der Lebensgeschichte

Der erfahrene »richtige« Geologe erkennt an Landschaftsformen, an der Farbe des Bodens, an scheinbar unscheinbaren Steinen, die auf Feldern und am Wege herumliegen, wie es unter der Erde aussehen muß. Er liest an den Seiten von Steinbrüchen, Hohlwegen und Steilufern im Gestein wie in einem Buch. Für ihn erzählen Erdschichten eine spannende Erdgeschichte, denn er erkennt auf den ersten, spätestens aber auf den zweiten Blick, ob er in zähflüssigem Zustand erstarrtes Magmagestein, durch Gebirgsdruck oder Temperatur umgewandeltes Gestein oder durch Ablagerung aufgeschichtete steinerne Erdrinde vor oder unter sich hat.

Für uns als Laien und reine Hobby-Geologen ist das alles weit rätselhafter, wenn wir uns bewußt auf geologische Streifzüge begeben wollen. Alle vorangegangenen Exkurse zielten darauf ab, auch uns ein wenig die Augen zu öffnen und unseren »Geologen-Blick« zu schärfen, um Steine und Gestein aufzuspüren und unterscheiden zu lernen. Und wenn wir uns nun auf die Suche nach Versteinerungen machen, dann wissen wir bereits eine ganze Menge darüber, wo allein wir jene Zeugen der Entwicklung des Lebens finden können, und wo wir sie mit Sicherheit nicht aufspüren werden.

Fossilien finden wir also in Sedimentgesteinen. Damit ist freilich nicht gesagt, daß jeder Quadratmeter Sedimentgesteins auch gleichzeitig eine Fundgrube für Hobby-Sammler sein muß.

Der findige Hobby-Geologe sucht vielmehr dort, wo im Laufe der Erdgeschichte einmal Meer war, denn auf dem Grund dieser Meere waren die Voraussetzungen für den Prozeß der Fossilation besonders günstig und mannigfaltig.

Je früher diese Meere sich im Laufe der Erdgeschichte gebildet hatten, umso älter sind auch die steinernen Urkunden des Lebens, die wir heute noch aufspüren können.

Die Frage, wie das Leben eigentlich entstanden ist, hat auch die Wissenschaft noch nicht genau beantworten können. Desgleichen lassen sich auch über den Zeitpunkt des Beginns von Leben auf unserem mindestens 4,5 Milliarden Jahre alten, an der Oberfläche bereits kalten Planeten nur Vermutungen aufstellen. Im wahrsten Sinne des Wortes erhärtet werden solche Vermutungen allerdings durch Gesteinsfunde. So glaubt man z. B. in Gesteinsserien des südlichen Afrikas als Bausteine des Lebens Strukturen von Zellen und Reste von Chlorophyll, dem grünen Farbstoff von Pflanzen, entdeckt zu haben, deren Alter auf 3 Milliarden Jahre geschätzt wird.
Vor rund 2 Milliarden Jahren wuchsen im heutigen Nordamerika auf den Ablagerungen des damaligen Meeres viele Rassen von Algen, die uns heute in Form von Graphit überliefert sind.

Die Spuren von höher entwickelten mehrzelligen Lebewesen wie Würmern oder sack- und schlauchartigen Hohltieren tauchen erst viel später, nämlich vor etwa 570 Millionen Jahren auf. Sie sind als Urkunden ganz besondere fossile Raritäten, denn da sie keine Hartteile wie Schale oder Skelett besaßen, hatten sie nur in Ausnahmefällen die Chance, zu Stein und somit überliefert zu werden.

Erdgeschichtlich bedeutet die Zeit vor 570 Millionen Jahren für die Wissenschaft einen bedeutsamen Einschnitt. Mit dieser »Jahreszahl« begann das Erdaltertum, es endete die Erdfrühzeit, die man in der Wissenschaft vor etwa 4 Milliarden Jahren beginnen ließ. Alles was zeitlich noch davor liegt, könnte man als Erdurzeit bezeichnen.

Die konkrete Gliederung der Erdgeschichte beginnt mit der gesicherten Überlieferung steinerner Dokumente des Lebens. Da Fossilien die Reste von Organismen sind, die zu der Zeit der Ablagerung von Gestein lebten, haben Sedimentgestein und darin enthaltene Fossilien das gleiche geologische Alter.

Ausnahmen konnten nur dann auftreten, wenn alte Versteinerungen durch Verwitterung oder Erdbewegungen freigelegt wurden und anschließend in jüngere Ablagerungen gelangten, also ein zweites Mal »versteinert«, d. h. genauer von Stein umschlossen wurden. Sie gelangten gleichsam als bereits versteinerte Rosine in einen neuen Gesteinskuchen.

Aus der Abstammungslehre ist bekannt, daß sich das Leben ständig zu höheren Lebensformen fortentwickelt. Eine Rückentwicklung hat es bisher noch nicht gegeben. Allein deshalb spricht man ja auch von ausgestorbenen Pflanzen und Tieren. Sie sind nie wieder als Lebensform zurückgekehrt. Als Versteinerungen aber sind sie Zeugnisse ihrer Lebens- und Erdzeit.

Es gibt gewisse Lebewesen, deren Fossilien für eine bestimmte Erdzeit typisch sind, die also auch typisch für die Gesteinsschichten, in denen man sie findet, sind. Sie ziehen sich gewissermaßen wie ein Leitfaden durch die Gesteinsschichten. Man nennt sie daher Leitfossilien.

Mit Hilfe dieser Leitfossilien konnte man auch die zeitliche Reihenfolge der Entstehung von Gesteinen zurückverfolgen. Die geologische Gliederung der Erdgeschichte ist letztlich also die zeitliche Reihenfolge der Entstehung von Ablagerungsgesteinen mit überlieferten Leitfossilien. Die Wissenschaftler haben jedem Zeitabschnitt einen bestimmten Namen gegeben, damit keine Verwechslungen vorkommen können. Das Namensschema dieser Erdgeschichte ist ein wichtiges Rüstzeug für den Hobby-Geologen, der Fossilien nicht nur sammeln, sondern auch deren Alter bestimmen möchte.

Erdschichten entschlüsseln Erdgeschichte

Der Schlüssel für die Geschichte der Erde seit dem Erdaltertum ist die durch Versteinerungen belegte Entwicklung des Lebens. Und wie das Leben beginnt die ganze Geschichte im Meer; Erdgeschichte ist im Erdaltertum fast 200 Millionen Jahre lang Meeresgeschichte, denn solange finden wir in den Ablagerungsgesteinen nur steinerne Zeugen für Meeresbewohner.

Das Erdaltertum begann mit dem *Kambrium.* Diesen Namen hat man der Erdepoche von vor 570 – 500 Millionen Jahren gegeben. Kambrium war die römische Bezeichnung für das heutige Nordwales. Dort hat man in der ersten Hälfte des 19. Jahrhunderts das Ablagerungsgestein eines 500 – 570 Millionen Jahre alten flachen Moores erforscht und als wichtigstes Leitfossil zahlreiche Arten von Dreilappern, sog. Trilobiten, aber auch die ersten Armkiemer, Brachiopoden genannt, gefunden (Bild S. 67).

Die Trilobiten haben ihren Namen von der charakteristischen Dreiteilung in Kopfschild, Rumpfteil und Schwanzschild und der deutlichen Gliederung durch zwei Längsfurchen in einen Mittelteil und zwei Seitenteile.

Brachiopoden sind Meerestiere mit einer Schale aus zwei Klappen. Sie besaßen zwei fleischige Mundarme, die zur Ernährung und Atmung dienten. Brachiopoden waren häufig mit einem fleischigen Stiel am Untergrund festgewachsen. Wegen ihrer Formenvielfalt sind sie gute Leitfossilien besonders im Erdaltertum. Mit Muscheln haben die Brachiopoden nichts zu tun. Sie haben eine Rückenschale und eine größere Bauchschale, Muscheln dagegen eine rechte und linke Schale.

Andere Tiergruppen wie Schnecken, Muscheln, Stachelhäuter und Krebse waren zwar bereits vorhanden, hatten ihre spätere Formenvielfalt aber noch nicht entwickelt.

Brachiopoden

Gesteinsschichten des Kambriums hat man in Sibirien, Australien und Nordamerika auf weiten Flächen an der Erdoberfläche gefunden. In Europa sind Skandinavien, Böhmen, das Baltikum und die britischen Inseln als Ablagerungsstätten des Kambriums bekannt.

Erdgeschichtlich bezeichnet man die Zeit vor dem Kambrium zusammenfassend als Präkambrium (Zeit vor dem Kambrium).

Dem Zeitraum nach dem Kambrium von vor 500 bis 440 Millionen Jahren hat man den Namen *Ordovizium* gegeben. Die Gesteinsschichten dieser Zeit wurden ebenfalls in Wales erforscht. Der Name geht auf einen keltischen Volksstamm zurück, der einmal im heutigen Wales beheimatet war.

In den Meeren dieser Zeit lebten Trilobiten, Brachiopoden und als Leitfossilien sogenannte Graptolithen. Das waren kleine Lebewesen, die als astartige, zum Teil verzweigte Kolonien im Wasser trieben. Sie waren eine Art von Plankton, das aber eine harte Hülle besaß, ähnlich der Rinde von Zweigen. Graptolithen kommen häufig in Tonschiefer vor, wo man sie meistens flachgedrückt als feinverzweigtes Kohlemuster auf den Schichtflächen findet.

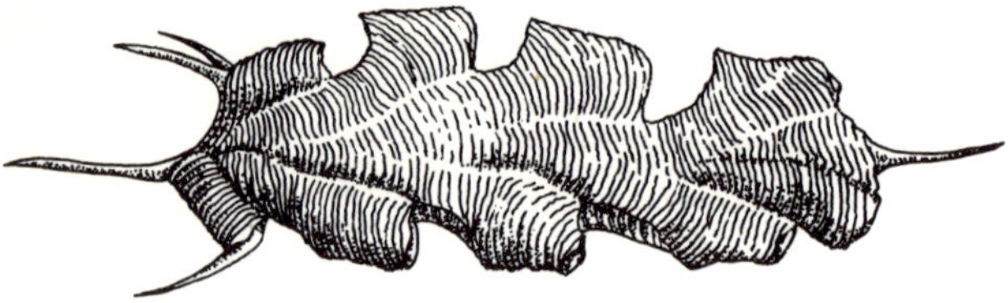

Graptolithen

Belebt waren die Meere des Ordoviziums von den für die Gesteinsbildung damals wichtigen Kalkalgen. Ihren ersten Entwicklungsaufschwung nahmen die Stachelhäuter. So bezeichnet man eine Gruppe von Lebewesen, die sich mit Stacheln umgibt, nämlich Seelilien, Seeigel und Seesterne. Damals freilich waren die ersten Arten von Seelilien und Seesternen in ihrer Entwicklung weiter als die heute sehr verbreiteten und für jeden badenden Urlauber unangenehmen Seeigel, die sich erst in späteren Epochen richtig breit machten.

Gefunden wurden diese Gesteinsschichten des Ordoviziums hauptsächlich in Nordamerika und Nordeuropa. In Europa deckt sich das Ablagerungsgebiet dieser Zeit weitgehend mit dem des Kambriums.

Dem Ordovizium folgte die Zeit mit dem Namen *Silur* vor 440 bis 400 Millionen Jahren. Auch sie ist nach einem keltischen Volksstamm in England benannt worden, weil in der ersten Hälfte des 19. Jahrhunderts in England erstmals Gesteinsschichten entsprechenden Alters genauer untersucht und beschrieben worden sind.

Die fossile Tierwelt des Silurs ähnelte der des Ordoviziums: Trilobiten, Brachiopoden, Stachelhäuter in fortentwickelter Form, Moostierchen (Bryozoen), die als Kolonien Röhrchen bildeten und Korallen sollen hier hauptsächlich erwähnt werden (Bild S. 58).

Korallen, die als Kolonien Riffe im Meer bildeten, blühten im Silur erstmals richtig auf. Das kann als Anzeichen dafür gewertet werden, daß das Leben zu dieser Zeit aus dem Meer regelrecht herauszuwachsen begann.

Gegen Ende des Silurs tauchte in Europa das erste große Gebirge des Erdaltertums auf. Es bildete sich das sogenannte Kaledonische Gebirge, das etwa von Nordnorwegen bis zu den britischen Inseln reichte. Interessant mag in diesem Zusammenhang sein, daß man aus den erdgeschichtlichen Zeiten bis zum Silur keine Ablagerungen aufgespürt hat, die sich nicht auf dem Meeresgrund gebildet haben. Bisher haben wir auch noch keine Spuren gefunden, die sich eindeutig als Reste von Landleben identifizieren ließen. Das läßt uns vermuten, daß es bis zum Ende des Silurs kein Leben auf dem Festland oder aber noch gar kein Festland gegeben hat.

Zu der Vermutung, es habe vorher noch gar kein Land gegeben, hat Prof. Heinz Haber eine sehr interessante Spekulation angestellt, mit der wir uns im Anschluß an diese erdgeschichtliche Gliederung befassen wollen.

Was die Fundgebiete der Silur-Gesteinsschichten betrifft, so läßt sich ganz generell sagen, daß die Fundstätten aller Ablagerungsgesteine in etwa die gleichen sind und sich auf dasselbe Meeresgebiet konzentrieren. Unterschiedlich ist jeweils lediglich das Alter der Ablagerung und der Gesteinsbildung, weil sich darin immer höher entwickelte versteinerte Dokumente des Lebens nachweisen lassen. Besonders gut aufgeschlossen, d. h. als meterhohe Schichtenwand an der Erdoberfläche, in Steinbrüchen, Kiesgruben, Berghängen, Einschnitten usw. zu erkennen, ist das Silur in Nordamerika und im europäischen Raum vor allem in Skandinavien, Böhmen und Dalmatien.

Die dem Silur folgende Periode des Erdaltertums, das *Devon*, begann vor 400 Millionen und endete vor 350 Millionen Jahren. Seinen Namen erhielt dieser Zeitraum nach der Grafschaft Devonshire in Südwestengland. Im Devon bildeten sich in Nordeuropa die ersten Ablagerungen des Festlandes nach dem bereits bekannten Prozeß der Verwitterung. Für das Leben auf der Erde waren die 50 Millionen Jahre des Devons eine Zeit des Übergangs.

Die Graptolithen starben allmählich aus, die Trilobiten wurden immer seltener. Dafür entfalteten sich die Ammoniten; das sind Tintenfischarten, die mit den im Ordovizium und Silur recht zahlreich vertretenen Nautiliden, (die im Devon wiederum zurücktraten), verwandt sind. Diese Tintenfische schützten ihren Körper durch ein Gehäuse wie Schnecken und Muscheln. Dieses Gehäuse war ähnlich wie bei manchen Schnecken spiralförmig eingerollt. Während die Nautiliden mit einem innen glatten Gehäuse vorliebnahmen, weisen die Versteinerungen von Ammoniten schöne Verzierungen auf. Sie sind gewellt und gefaltet. Den Namen gab man diesen Tintenfischen nach dem ägyptischen Gott mit Widderhörnern Ammon. Damit ist die äußere Form dieser Fossilien treffend beschrieben. Wenn wir hier »äußere Form« sagen, meinen wir natürlich, daß das Gehäuse der Ammoniten innen gewellt und verziert war, weil wir ja nur noch die Steinkerne als Innenabdrücke von Schalen und Gehäusen so alter Lebewesen finden (Bild S. 57, 58).

Im Devon tauchten im Wasser auch die ersten Fische auf. Gleichzeitig ging in diesem Abschnitt der Erdgeschichte das Leben an Land. Es begann die Eroberung des Festlandes durch die ersten Pflanzen und Tiere wie Schnecken, die es im Wasser schon lange gab, Amphibien und andere. Nach der Eroberung des Landes durch das Leben hat sich die Flora und Fauna im Vergleich zum Leben des Meeres geradezu explosionsartig entwickelt.

Das Meer war in der Devonzeit im Gebiet von Europa durch Gebirgsbildungen bereits ganz schön eingeengt. Im Norden tauchte immer mehr Land auf, und im Süden wuchs ein Landgebiet von Frankreich über Süddeutschland bis in die Tschechoslowakei hinein.

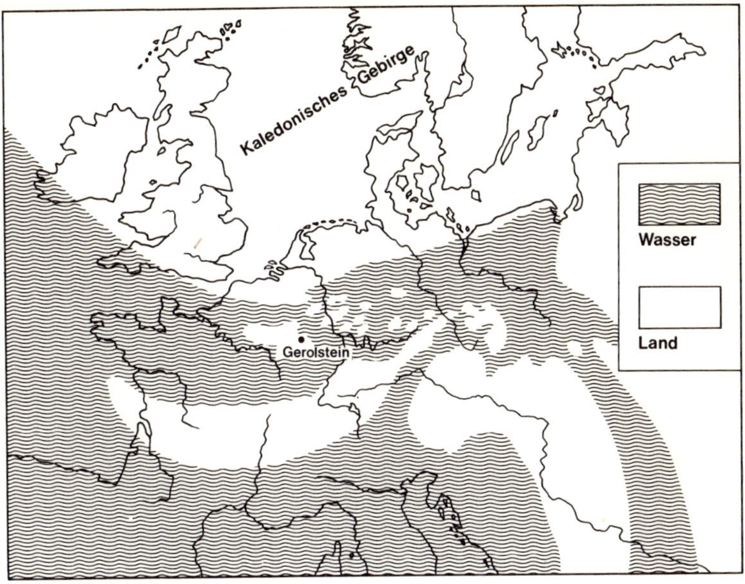

Land und Meer im Devon

Das Devon-Meer ist eine reiche Fundgrube für Fossilien. Das für uns wohl bedeutendste Gebiet ist das Rheinische Schiefergebirge, ganz besonders die Eifel und der Hunsrück.

Im Devon begann es in der Erdkruste recht unruhig zu werden, denn Vulkane traten unter Wasser recht zahlreich in Aktion. Diese »Unruhe« war das Vorspiel für die Gebirgsbildungen der folgenden Epoche.

Im *Karbon*, dem Zeitraum von vor 350 bis 285 Millionen Jahren wurden große Teile Mittel- und Südeuropas von Hebungen, Senkungen und Faltungen bewegt. Um die Mitte der Karbon-Zeit herum faltete sich das Variszische Gebirge in Mitteleuropa wie ein riesiger Keil auf. Seinen Namen verdankt das Karbon den ausgedehnten Steinkohlenlagern Nordamerikas und Nordeuropas (carbo ist das lateinische Wort für Kohle), die auf

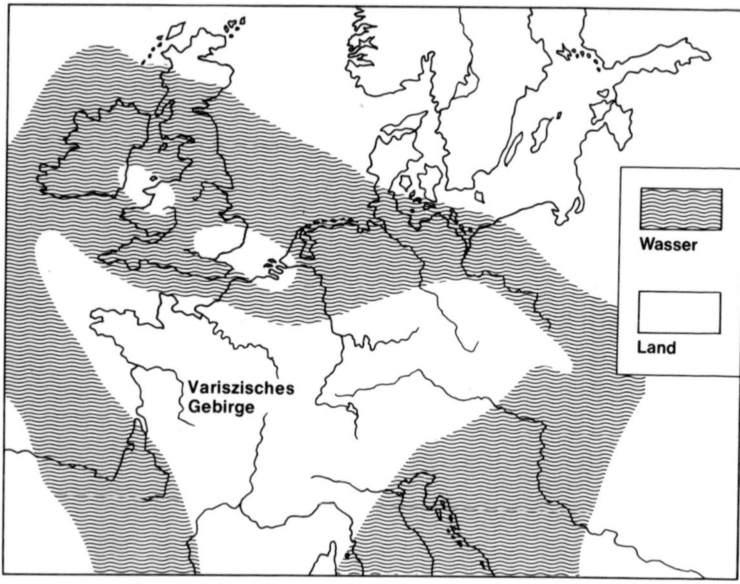

Land und Meer im Karbon

diese Zeit zurückgehen. Man nennt diese Zeit der Erdgeschichte daher auch Steinkohlenzeit.

Damit ist bereits angedeutet, daß sich damals in sumpfigen Niederungen üppige Pflanzengesellschaften entwickeln konnten, die später als ganze Sumpfwälder in riesigen Trögen im Vorland, aber auch im Innern des Variszischen Gebirges absackten. In diese Senken wurden zusätzliche Massen von abgestorbenen Pflanzen geschwemmt, die zusammen mit den Sumpfwäldern versanken. Es entstand Torf, später Braunkohle und bei erhöhtem Druck und erhöhter Temperatur – als diese ehemaligen Wälder von immer mächtiger werdenden Deckschichten überlagert wurden – schließlich Steinkohle, deren Lager heute im Ruhrgebiet, im Saarland, in Nordengland und in Oberschlesien abgebaut werden.

Ammoniten

Versteinertes Kieselholz aus dem Trias Arizonas (Senckenberg-Museum, Frankfurt)

Koralle aus dem Oberen Jura der Schwäbischen Alb (Senckenberg-Museum, Frankfurt)

Ammoniten; Orthoceras und Goniatiten aus dem Devon Hessens (Senckenberg-Museum, Frankfurt)

An Land entwickelten sich zur Karbonzeit Insekten bis zu Riesenformen, Amphibien waren weit verbreitet, die ersten Reptilien traten auf. In der Tierwelt des Meeres herrschten Brachiopoden, Stachelhäuter, Ammoniten und Korallen vor.

Mit dem *Perm*, der Zeit von vor 285 bis 235 Millionen Jahren endete das Erdaltertum. Diese Periode erhielt ihren Namen nach dem einstigen russischen Gouvernement Perm am Westhang des Urals, wo man Erdschichten festländischer Ablagerungen, die damals auf der Erde überwogen, erforschte. Mit dem Perm starb eine Reihe von Tiergruppen aus, wie zum Beispiel die Trilobiten. An Land breiteten sich die Nadelhölzer über die Erde aus.

Die *Triaszeit* leitete das erdgeschichtliche Mittelalter ein. Dieser Abschnitt dauerte 45 Millionen Jahre und begann vor 235 Millionen Jahren.

Der Name Trias = Dreiheit bezieht sich auf die drei Ablagerungsstufen Buntsandstein, Muschelkalk und Keuper, die als sogenanntes germanisches Trias den Untergrund großer Teile Mitteleuropas in Süd- und Mitteldeutschland, in Ostfrankreich, Südengland und Polen bilden. Diesem einheitlichen Ablagerungsgebiet stehen im Süden anders ausgebildete Ablagerungen aus dem Bereich des alpinen Trias gegenüber. Alpin bedeutet in diesem Zusammenhang nicht, daß es damals schon die heutigen Alpen gab. Im Gegenteil, damals erstreckte sich vom Atlantik her über das Alpengebiet, ja sogar bis über das Gebiet des heutigen Himalaya und zum Pazifik ein ausgedehnter Meeresgürtel vom Westen nach Osten, die sogenannte Tethys. Aus Ablagerungen dieses Meeresgürtels entstanden andere Gesteine als die im Bereich des vorgenannten germanischen Trias. Dieses Gebiet war praktisch ein Becken, das durch einen relativ schmalen Hochlandgürtel vom nördlichen Bayern bis zu den Vogesen, die sogenannte Vindelizische Schwelle, von der Tethys abgetrennt wurde.

Von den drei Gesteinsserien Buntsandstein, Muschelkalk und Keuper ist der Buntsandstein überwiegend eine festländische Ablagerung, Muschelkalk dagegen die Hinterlassenschaft eines flachen Meeres.

Der Buntsandstein bildete sich aus Ablagerungen der Gebirge des Erdaltertums, die zu Beginn des Erdmittelalters durch Verwitterung abgetragen wurden. Von den immer niedriger werdenden Hochgebirgen ergossen sich die Schuttmassen in dieses Germanische Becken des früheren Devon-Meeres. Das Gewicht dieser Sand- und Geröllmassen senkte ausgedehnte Festlandsgebiete zu einer Ebene ab. Aus Sand, Ton und Schotter bildeten sich bis zu 1000 m dicke Buntsandsteinlagen. Die Landschaft muß in weiten Teilen einer Wüste geähnelt haben.

Nach einigen Millionen Jahren brach die Tethys im Osten in das germanische Becken ein, und es bildete sich ein flaches Wattenmeer mit Kalkgesteinen und Mergel, die sich auf dem Buntsandstein als Gesteine des Unteren Muschelkalks ablagerten.

Im Mittleren Muschelkalk wurde das Becken vom offenen Meer wieder abgeschnürt. Durch Verdampfung entstanden die Gips- und Salzlager des heutigen Südwestdeutschlands.

In der Abgeschlossenheit des Binnenmeeres begannen die mit der Tethys eingewanderten Meerestiere eine eigene Entwicklung durchzumachen. Zunächst blieb die Zahl der Arten und Gattungen im flachen Binnenmeer gegenüber der Vielfalt von Lebensformen in der Tethys zurück. Einige Arten aber paßten sich den Wasserverhältnissen an und traten als gesteinsbildende Massen auf.

Als im Oberen Muschelkalk, wie aus dieser Gesteinsschicht abzulesen ist, das Meer erneut – diesmal durch die »Burgundische Pforte« in der Rhône-Gegend – in das Germanische Becken einbrach, entwickelten sich Muscheln und kleinere Schnecken in einer großen Vielfalt. Als Leitfossilien treten im Oberen Muschelkalk besondere Formen von Ammoniten auf, die sich nur in diesem Gebiet entwickelt haben und die man daher hauptsächlich in den Ablagerungsgesteinen des Oberen Muschelkalks in Franken, Württemberg und Baden findet.

Gesteinsbildend waren die Brachiopoden, die massenhaft im Unteren und Oberen Muschelkalk, manchmal in bis zu meterdicken Schichten, zu

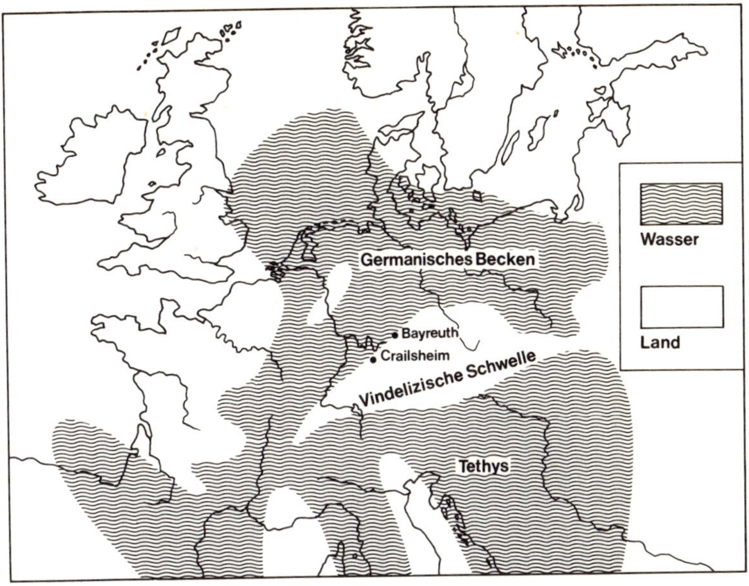

Land und Meer im Muschelkalk

Ammoniten

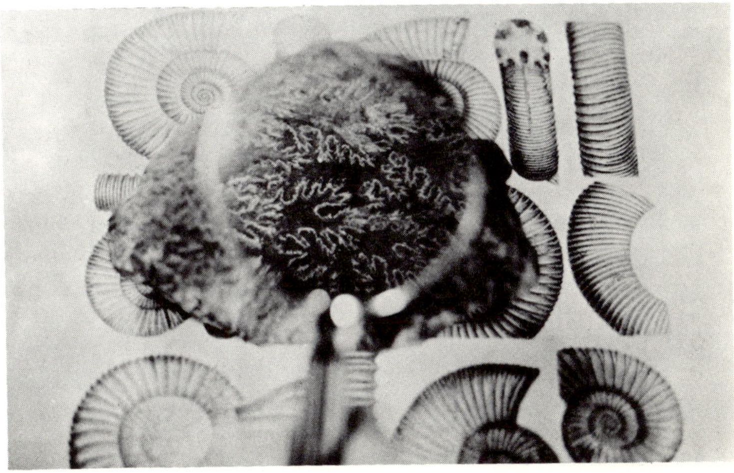

finden sind. Das gleiche gilt für Seelilien, die in den flachen Meeresbuchten in riesigen Mengen gesiedelt haben müssen. Davon zeugen mächtige Schichtenfolgen von scheibenförmigen Stielgliedern dieser Tiere, die nach ihrem Tod ziemlich rasch in Einzelteile zerfielen. Komplette Seelilien-Kronen sind daher auch nur selten zu finden und begehrte Sammlerstücke. Noch seltener sind gut erhaltene Funde von Seesternen, die noch vergänglicher sind, die aber zu den häufigsten Lebewesen des Muschelkalkmeeres zählten.

Seelilien aus dem Unteren Jura Holzmadens (Senckenberg-Museum, Frankfurt)

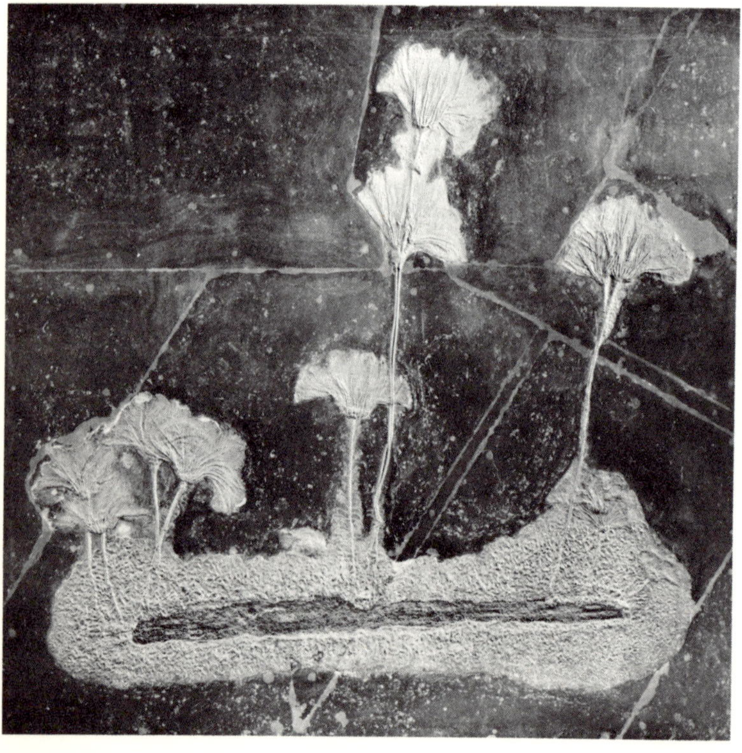

Auch die Wirbeltiere entwickelten sich im Trias entscheidend weiter. Im Muschelkalkmeer gingen bereits kleine Haie auf Beutejagd. Die ersten Sauriergattungen tauchten an Land und im Wasser auf.

In der jüngsten Schicht des Trias, dem Keuper, wurde das Binnenmeer wieder von der Tethys abgeschnitten. Es verflachte, zergliederte sich in Land und Wasser, Verwitterungsschutt des Festlandes wurde als Sand und Geröll abgelagert. Flüsse, Süßwasserseen, dann wieder kurzzeitige Meereseinbrüche kennzeichneten die wechselvolle Geschichte des Keupers. All das entschlüsseln Ton, Kalk, Mergel, Gips, Salz und Sandstein in ihren Ablagerungsschichten.

Während Buntsandstein – wie bereits erwähnt wurde – die Folge vorwiegend festländischer Ablagerung und Muschelkalk eine Meeresablagerung ist, bezeugen die Gesteine der Keuperzeit in der Reihenfolge ihrer Schichten einen ständigen Wechsel von festländischer und Meeres-Ablagerung. Darauf weisen auch die Fossilien dieser Zeit hin. Die Meerestier-

Donnerechse (Diplodocus) aus dem Jura Nordamerikas (Senckenberg-Museum, Frankfurt)

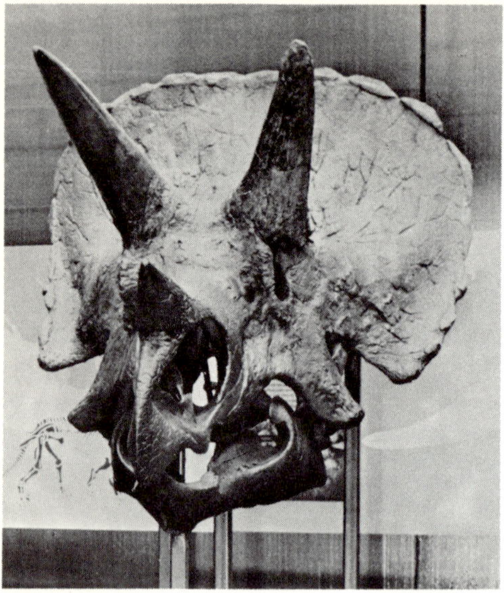

*Dreihornsaurier (Triceratops)
aus der Kreide Nordamerikas
(Senckenberg-Museum,
Frankfurt)*

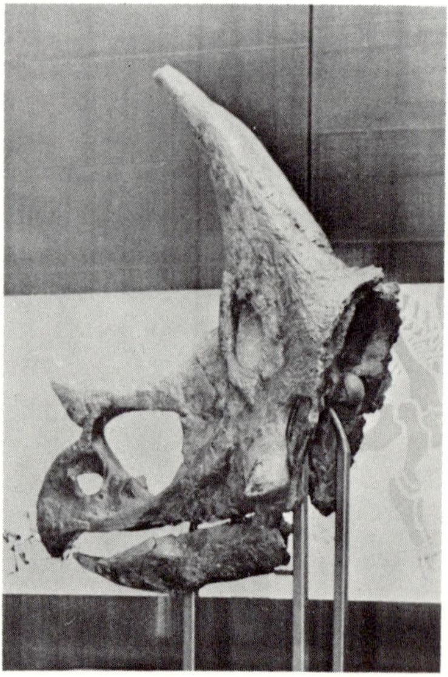

welt verarmte sehr deutlich. In anfänglichen Sumpfgebieten entstand eine reiche Vegetation aus Farnen und Schachtelhalmen. In diesen Landschaften lebten riesige Lurche, Dachschädlerlurche genannt, die sich von Fischen und kleinen Sauriern ernährten. Die Schildkröten erlebten ihre Weltpremiere im Sandsteinkeuper Württembergs. Giraffenhalssaurier – Vorläufer der Eidechsen und Schlangen – Dinosaurier, Krokodilsaurier, Adlerkopfechsen, Pflasterzahnsaurier u. a. gehören zu berühmten württembergischen Fossilien-Funden aus dieser Zeit.

Gegen Ende des Keuper, am Schluß der Triaszeit wurde das Gebiet des Germanischen Beckens endgültig wieder vom Meer überflutet. Die Landsaurier und Dachschädellurche starben aus.

In der folgenden Epoche, im *Jura* vor 190 bis 135 Millionen Jahren, war Europa zum größten Teil wieder vom Meer bedeckt. Benannt ist dieser Zeitabschnitt nach den Erforschungen seiner Erdgeschichte im schweizerischen Juragebirge. Die bekanntesten Meeresablagerungen finden wir in der Schwäbischen und Fränkischen Alb.

Im Jura sackten infolge von Bewegungen in der Erdkruste große Teile Europas ab. Das ziemlich flache Meer konnte sich ausbreiten. Es entstand allmählich eine Verbindung zwischen der Tethys im Süden und einem Meer im Norden, das von Irland über die heutige Nordsee und Norddeutschland bis nach Polen reichte. In diesem Meeresraum ragte von Osten her die Böhmische Halbinsel mit einer Süddeutschen Landzunge hinein. Vom südöstlichen Zipfel Englands über die Ardennen und das Gebiet des Rheinischen Schiefergebirges bis zur Weser und nach Süddeutschland hinein erstreckte sich eine Insel.

Die ältesten Ablagerungen des Jurameeres sind dunkle Tone, Schiefertone, Mergel oder Kalke, daher auch der Name Schwarzer Jura (Lias).

Später setzte sich die Ablagerung aus tonigen Gesteinen weiter fort. Diese Ablagerungszeit nennt man Brauner Jura (Dogger). Am Ende folgt der Weiße Jura (Malm), dessen Schichten aus hellen Kalken und Mergel bestehen.

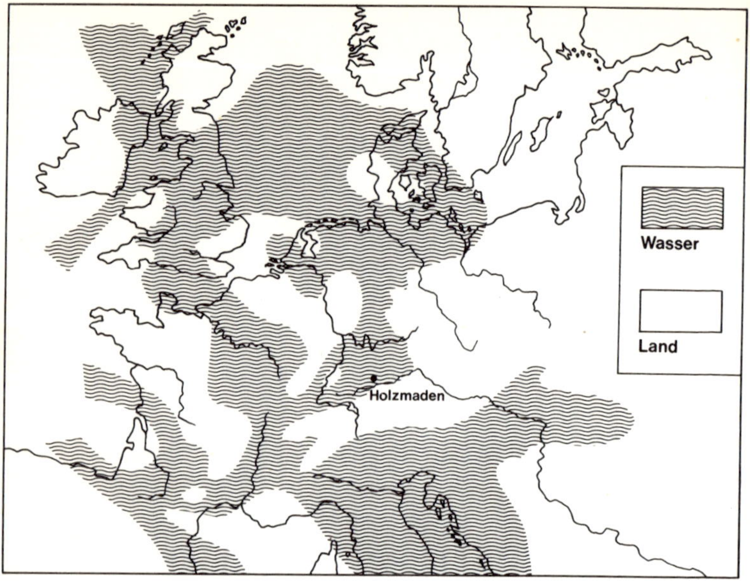

Land und Meer im Jura

Die beste Fundgrube für Versteinerungen des *Schwarzen Jura* ist die Schwäbische Alb mit den Funden aus dem »Schwäbischen Liasmeer«.

Auch hier haben sich die Ammoniten mit ihren immer reichlicheren und besser ausgebildeten »Verzierungen« zu Leitfossilien entwickelt. Da die Schwäbische Alb in Württemberg liegt, ist dieses Gebiet bekannt als das Land der Petrefaktensammler – so nannte man früher die Fossiliensammler in Anlehnung an den alten Begriff für Fossilien. Dieser Begriff entstand aus dem griechischen petra = Fels und dem lateinischen factum = gemacht. Petrefakt heißt also »aus Fels gemacht«. Die Württemberger gehen heute noch »in die Ammoniten«, wenn sie sich auf die Suche nach solchen dort häufig vorkommenden Fossilien begeben.

Chalcedon und Achat, roh und geschliffen

Trilobit aus dem Kambrium der Prager Umgebung
(Senckenberg-Museum, Frankfurt)

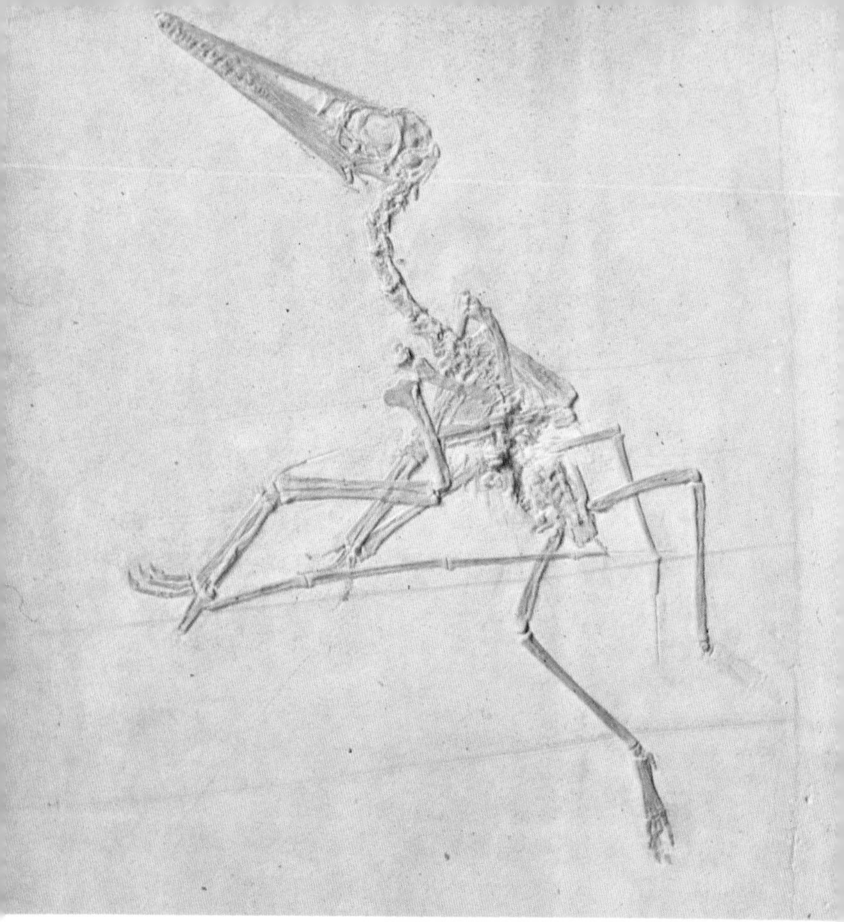

Flugsaurier (Senckenberg-Museum, Frankfurt)

Hai mit Belemniten-Rostren (Staatl. Museum für Naturkunde, Stuttgart)

Im Liasmeer hatten die Fischsaurier überleben können und sich den neuen Wasserverhältnissen in ihrer Entwicklung angepaßt. Sie waren damals dessen größte Bewohner und die Saurier, die am häufigsten vorkamen. Meereskrokodile aber auch Schlangenhalssaurier gehörten zu den selteneren Meeresbewohnern der damaligen Zeit.

Die häufigste Beute der Saurier waren Fische, die allerdings noch nicht so »modern« wie heute mit Knochen, sondern nur mit Knorpeln als Skeletten ausgerüstet waren. Haie und Schmelzschuppenfische gingen ihrerseits auf Raubzug nach anderen Meerestieren aus.

Von den Tintenfischen erreichten neben den Ammoniten die Belemniten weite Verbreitung. Diese Tintenfische hatten im Gegensatz zu den anderen kein Gehäuse, sondern eine innere dünne Kalkschale als Skelett. Das typische Merkmal der Belemniten ist ihr massiver fingerlanger Stachel aus hartem Kalzit, das sogenannte Rostrum (lateinisch Spitze, Schnabel). Dieses Rostrum bildete das Vorderende des Körpers, mit dem die Belemniten, angetrieben durch ihr Rückstoßorgan, das gleichzeitig Kopf und Fangarme war, beim Schwimmen das Wasser gewissermaßen zerteilte. Im Volksmund heißen diese Endstücke des Innenskeletts, die wie Geschosse aussehen, heute noch »Donnerkeile«. Sie gehören zu den häufigsten und volkstümlichsten Fossilien in Europa. Übrigens erklärten die Römer sie zu versteinertem Luchsurin.

Im Mittelalter wurden die Belemniten-Fossilien als Medizin und Amulette hoch geschätzt. Ihre Herkunft wurde auf Geister oder gar den Teufel zurückgeführt. Zahlreiche Namen wie Teufelsfinger, Blitzstein, Rabenstein und der bereits erwähnte Donnerkeil kennzeichnen die Rolle der Belemniten-Rostren im Volksglauben. Der Name Belemnit bezieht sich im übrigen auch auf diesen Volksglauben. Er stammt aus dem Griechischen und bedeutet so viel wie das Geschleuderte, der Blitz.

Die Belemniten sind vor 60 Millionen Jahren ausgestorben. Die heutigen Tintenfische, die Kalamare, sind mit ihnen genauso wenig verwandt wie die Sepias, die echte Tintenschnecken und nicht – wie etwas irreführend häufig bezeichnet – Tintenfische sind.

Belemnitentier aus dem Unteren Jura Holzmadens (Senckenberg-Museum, Frankfurt)

Bis zum Jahr 1976 hatte man alle Kenntnisse über Belemniten nur aus fossilen Einzelresten abgeleitet. Man hatte noch kein ganzes fossiles Belemnitentier zusammen mit dem Donnerkeil an Ort und Stelle finden können. Nachdem man über hundert Jahre lang danach gesucht hatte, fand 1976 ein Hobby-Sammler, der sich ganz auf fossile Tintenfische spezialisiert hatte, in den weltbekannten Fundschichten im Ölschiefer des Schwarzen Jura von Holzmaden in Württemberg gleich zwei vollständig erhaltene versteinerte Belemniten, plattgedrückt zwar, aber mit Weichteilen und Rostrum weitgehend gut erhalten.

Der sogenannte Lias Epsilon von Holzmaden ist deshalb für Fossilienfunde so berühmt, weil sich in diesem Ölschiefer viele Wirbeltiere sehr gut erhalten haben. Wer einmal die Autobahn durch die Schwäbische Alb benutzt hat, dem sind bei Kirchheim/Teck oder Aichelberg sicher die Hinweisschilder »Urweltfunde Holzmaden« mit den skelettierten Sauriern schon einmal aufgefallen. Nördlich der Autobahn liegt zwischen den beiden oben genannten Anschlußstellen der Ort Holzmaden.

Unter den Funden befand sich auch ein Hai mit dem Mageninhalt von etwa 200 Donnerkeilen. Die Belemniten waren ganz offenkundig bevorzugte Nahrung für Haie. In den Mägen der Fischsaurier ist dagegen nie ein Rostrum gefunden worden, dafür aber die – wie sich an dem neuesten Fund von Holzmaden nachweisen läßt – fest an den Armen und dem Schlund von Belemniten angebrachten Häkchen aus Horn, die offenbar zum Ergreifen der Beute dienten. Die Haie haben die Tintenfische also offensichtlich mit »Haut und Haaren«, mit unverdaulichem Rostrum, verschlungen, weil ihr Gebiß sich zum Zerkleinern nicht eignete. Die Fischsaurier dagegen müssen beim ersten Angriff den Donnerkeil abgebissen und ausgespuckt haben, bevor beim zweiten Zuschnappen der Tintenfisch mundgerecht genommen und verschlungen wurde (Bild S. 68). Diese interessanten Erklärungen liefert uns die Wissenschaft von der Paläontologie, der Lehre von den Lebewesen der Vorzeit. Die Paläontologen sind es, die aus Versteinerungen das Leben und seine Entwicklungsformen in die Vergangenheit zurückverfolgen und umgekehrt. Die großen und berühmten Fossilfundstätten spielen dabei eine überragende Rolle.

Im Ölschiefer von Holzmaden fand man auch das zerfallene versteinerte Skelett eines Flugsauriers. Im Laufe von Jahrzehnten ist ein gutes Dutzend dieser Gleitsegler aus Gesteinen des Lias herausgeschlagen worden. Wann genau die ersten Saurier »in die Luft gegangen sind«, läßt sich mit Sicherheit natürlich nicht sagen. Die Flugsaurier-Funde des Jura galten lange Zeit als die ältesten der Erdgeschichte. Vor kurzem aber hat man in den oberen Schichten des Trias von Bergamo in Italien ebenfalls Flugsaurier entdeckt.

Die Größe der jurazeitlichen Flugsaurier reicht von der eines Sperlings bis zu der eines Adlers. Diese Tiere hatten noch keine Flügel mit Federn, sondern wie die Fledermäuse behaarte Flughäute. Einige Arten besaßen an ihren »Beinen« Schwimmhäute. Das läßt darauf schließen, daß sie schwimmen und auch tauchen konnten (Bild S. 68).

Im *Braunen Jura* setzten sich im Meer eisenhaltige Verwitterungsschichten ab, die sich mit den Meeressedimenten vermischten. Der Braune Jura erhielt u. a. von dieser Eisenanreicherung, durch die das Gestein eine bräunliche Farbe bekam, seinen Namen.

Es bildeten sich die eisenreichen Sedimente in Lothringen, in der Schwäbischen und Fränkischen Alb und in der Gegend von Salzgitter als Grundlage der späteren Eisenerzgewinnung in diesen Gebieten.

Die Meeresablagerungen des Braunen Jura enthalten die gleichen Fossilienarten wie der Schwarze Jura in weiterentwickelten Formen, also Muscheln, Brachiopoden, Ammoniten. Aufsehenerregende Funde von Reptilien und Säugetieren sind aus den Schichten des Braunen Jura nicht geborgen worden.

Die oberen Schichten des Jura bestehen aus Kalk und Mergel des *Weißen Jura* (Malm). Die Schwäbische und die Fränkische Alb sind auch aus diesen Schichten aufgebaut. Was allerdings heute als Alb erscheint, ist nur ein kleiner Ausschnitt aus den Ablagerungen des Jurameeres. Der weitaus größere Teil der Gesteine ist in Jahrmillionen wieder abgetragen worden. Andere Zeugnisse des Jurameeres tauchen in den Alpen, im Schweizer Jura, in Frankreich, England und in einigen deutschen Mittelgebirgen zwischen dem Harz und dem Münsterland auf.

Im Weißen Jura war das Meer anfangs noch recht tief. Später siedelten sich kieselige Schwämme in immer größerer Zahl an. Ihre Bauten wurden ständig größer und höher. Sie bedeckten fast das ganze Gebiet der heutigen Fränkischen Alb. Durch diese Bautätigkeit wurde das Meer immer flacher. Während die zahlreichen Ammonitenarten die tiefen Meeresstellen bevorzugten, lebten im Bereich der Schwammhügel besonders gern die Brachiopoden.

Auf abgestorbenen Schwammhügeln siedelten sich später nahe der Meeresoberfläche Korallen an. Deren Begleiter wiederum waren kalkige Schwammarten, Muscheln und Schnecken, die flaches Wasser als Lebensraum benötigten.

Die größte Fundstelle für Versteinerungen aus dem Weißen Jura ist der Raum um Solnhofen in der südlichen Fränkischen Alb oberhalb des Altmühltals. Die »Solnhofener Plattenkalke« sind bekannt für ihre Fossilienfunde, weil sich in diesen Kalken auch Weichkörperteile von Lebewesen erhalten haben (Bild S. 1).

Fische, Krebse, Quallen, Tintenfische, Seeigel, seltener Schildkröten und kleine Saurier haben in den Plattenkalken des Weißen Jura ihre fossilen Spuren hinterlassen. Das wohl berühmteste Fossil der Plattenkalke ist der Urvogel Archeopteryx. 1860 fand man bei Solnhofen eine fossile Feder. Dieser Fund ließ darauf schließen, daß am Ende der Jurazeit die ersten Vögel als wichtiges Glied in einer Entwicklungskette den Luftraum erobert hatten. 1861 fand ein Steinbrecher in einem Steinbruch der Langenaltheimer Haardt bei Solnhofen die versteinerten Reste eines seltsamen Tieres, das sowohl mit Federn ausgerüstet war, gleichzeitig aber auch die typischen Merkmale eines Reptils, also eines Sauriers, zeigte. Ein Landarzt aus dem nahen Pappenheim, der als Petrefakten-Sammler bekannt war, wurde als Fachmann herbeigeholt. Er barg den seltsamen Fund und übernahm ihn auch. Die Wissenschaftler stritten sich darum, ob es sich um einen Vogel, ein Reptil oder eine Zwischenform handelte. Der geschäftstüchtige Landarzt verkaufte schließlich seine gesamte Sammlung mit dem Urvogel für 600 Pfund an das Britische Museum in London. So flatterte der Archeopteryx ab nach England, und die deutschen Gelehrten hatten das Nachsehen. Glücklicherweise dauerte dieses Nachsehen nicht allzu lange. Denn 1877 wurde ein zweites, noch besser erhaltenes Skelett des Urvogels in den Plattenkalken von Blumenberg bei Eichstätt geborgen, das dann als Spende in das Naturkundemuseum von Berlin gelangte.

1951 und 1956 wurden zwei weitere Exemplare des Urvogels im Gebiet von Solnhofen und Eichstätt zutage gefördert. Sie sind heute in den Museen von Solnhofen und Eichstätt zu besichtigen.

Inzwischen ist wissenschaftlich auch längst gesichert, daß der berühmte Archeopteryx ein echtes Bindeglied zwischen Reptilien und Vögeln darstellt (Bild S. 77).

Mit der *Kreidezeit* vor 135 Millionen bis vor 70 Millionen Jahren endete das Erdmittelalter. Die weiße Schreibkreide gab diesem erdgeschichtlichen Abschnitt ihren Namen. Die Ablagerungen dieser Zeit findet man vor allem in Norddeutschland, England und Frankreich.

Die Lebensentwicklung setzt sich aus der Jurazeit auf nahezu allen Gebieten fort. In allen ehemaligen Meeresgebieten Europas wuchs Land an. Ausgedehnte Kalkablagerungen der Kreidezeit gibt es nur im Norden Deutschlands –, im Süden, der bisher die Fundgrube versteinerter Dokumente darstellte, gibt es nur spärliche Funde.

In den Meeren lebten noch alle bekannten Tiere. Eine größere Verbreitung erfuhren lediglich die Seeigel (Bild S. 77).

An Land bahnte sich bereits ein Wandel zur heutigen Pflanzenwelt hin an. Es traten die ersten Laubbäume, Kräuter und Gräser auf.

Das Ende der Kreidezeit bedeutete auch gleichzeitig das Ende für einige der häufigsten und bekanntesten Fossilien: Die Ammoniten starben aus. Die Belemniten mit ihren so geschätzten Donnerkeilen beendeten ihr Dasein, und dasselbe wiederfuhr den großen Sauriern und vielen anderen Reptilien.

Vor 70 Millionen Jahren begann nach der erdgeschichtlichen Gliederung die Erdneuzeit mit dem *Tertiär*, das vor 2 Millionen Jahren endete. Nach dem Erdaltertum und dem Erdmittelalter hatte man das Tertiär ursprünglich als dritten großen Abschnitt der Erdgeschichte aufgefaßt. Der Name (aus dem Lateinischen = an dritter Stelle) weist deutlich auf diese ursprüngliche Auffassung hin.

Im Zeitalter des Tertiärs kam es in vielen Gebieten der Erde erneut zu Gebirgsbildungen. Die Alpen, die Pyrenäen, das Uralgebirge und der Himalaya falteten sich zu den »jungen Faltengebirgen« auf. Durch diese gewaltigen Bewegungen in der Erdkruste veränderte sich die Verteilung von Land und Meer auf der Oberfläche unseres Planeten ganz entscheidend. Europa nahm allmählich Gestalt an. Lediglich im Süden und Süd-

So entstand Bernstein

osten entsprach die Verteilung von Wasser und Land noch nicht den heutigen Verhältnissen.

In Deutschland waren Schleswig-Holstein und das Küstengebiet Niedersachsens vom Meer überflutet. Im Süden zog sich von der französischen Riviera her ein Meeresbecken zwischen den aufsteigenden Alpen und der Schwäbischen und Fränkischen Alb nach Osten hin, das die Alpen anfangs noch wie eine Insel umschloß. Im Bereich des Meeresbeckens kam es in mehrfachem Wechsel zu Meeres- und Süßwasserablagerungen. Das heutige Gebiet der Ostsee wurde durch die Bewegungen in der Erdkruste überflutet. Damals versanken jene subtropischen Kiefernwälder, deren Harz als Bernstein heute begehrter Schmuck ist.

Land und Meer im Tertiär

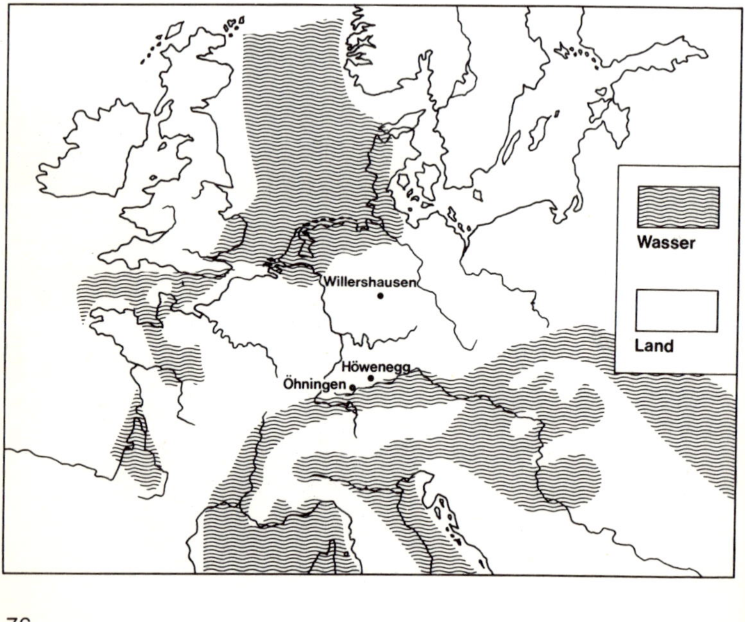

Archeopteryx (Senckenberg-Museum, Frankfurt)

Seeigel aus der Kreide Norddeutschlands (Senckenberg-Museum, Frankfurt)

Höhlenbär (Aufnahmen bei den Dreharbeiten)

Fossile Pflanzenreste: Sphenobaiera aus dem Trias Südafrikas (Senckenberg-Museum, Frankfurt)

Auf dem Festland selbst begann im Tertiär die Herrschaft der Säugetiere.

Die Fossilien-Fundstätte von Öhningen am südlichen Rand des Hegaus westlich des Bodensees ist für ihre Funde aus dem Tertiär berühmt geworden. Dort hat man seit dem 16. Jahrhundert Salamander, Schildkröten und Frösche in Steinbrüchen aus Plattenkalken geborgen, dazu zahlreiche Insekten- und Pflanzenreste.

Salamander (Andrias scheuchzeri), Öhningen/Bodensee (Landessammlung für Naturkunde, Karlsruhe)

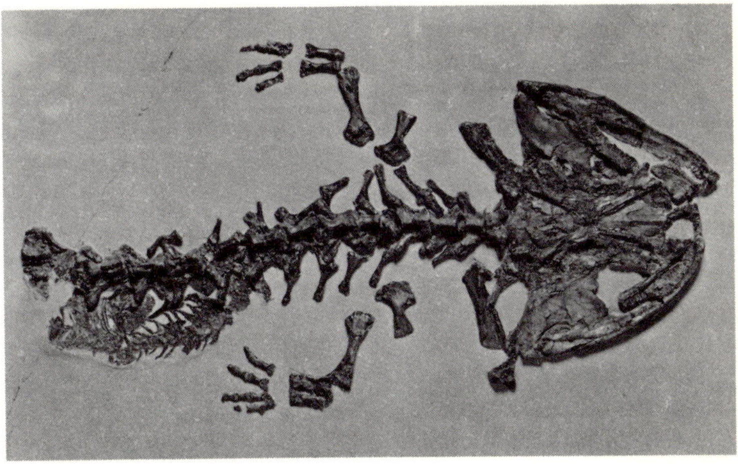

Im nördlichen Hegau, am Abhang eines ehemaligen Vulkans, des Höweneggs, wurden Schichten eines Süßwassersees freigelegt. Davon zeugen die Versteinerungen seiner Bewohner: Schnecken, Krabben, und Schildkröten, Schleie und Weißfische wurden gefunden.

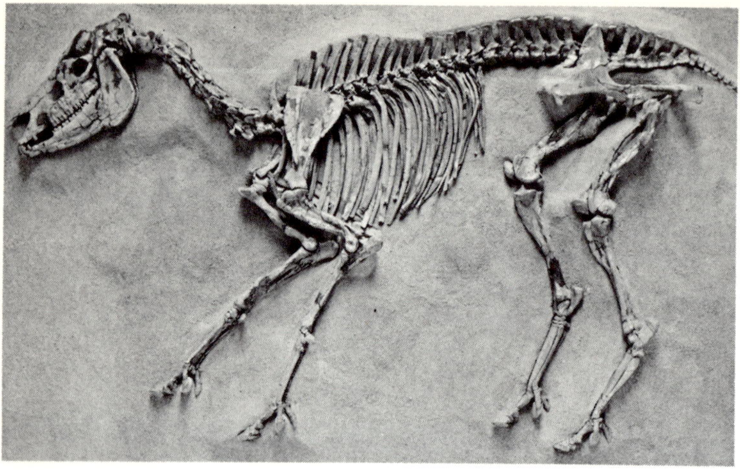

Urpferd (Hipparion gracile – KAUP),
Höwenegg/Hegau (Landessammlung für Naturkunde, Karlsruhe)

Der offensichtliche Mangel an Sauerstoff in dem Tertiärsee am Höwenegg war auch eine günstige Voraussetzung für die Versteinerung von Säugetierresten. Aus Knochen und Zähnen konnten die Paläontologen z. B. elefantenartige Rüsseltiere, Nashörner und Antilopen als Landbewohner identifizieren. Bekannt ist der Höwenegg für ein besonderes Säugetier: das Urpferd Hipparion. Man hat davon nicht nur zahlreiche Knochen, sondern sogar zehn fast vollständige Skelette geborgen.

Man vermutet, daß dieses zebragroße Urpferd vor etwa 10 Millionen Jahren aus dem nordamerikanischen Kontinent über eine damals noch bestehende Landverbindung nach Sibirien und weiter nach Mitteleuropa getrabt ist.

Antilopen und Urpferde waren Bewohner einer Buschsteppe. Als ihre Feinde lebten damals schon Tiere, die den heutigen Löwen und Hyänen ähnelten, denn auch Knochenreste solcher Tierarten sind in den Höwenegg-Schichten aufgefunden worden.

Zu einer so ungewöhnlichen Anhäufung von Wirbeltier-Fossilien in einem See ist es vermutlich durch Naturkatastrophen wie Vulkanausbrüche gekommen. Lava, Aschenregen und Gase nahegelegener Vulkane müssen die Tiere, die sich zur Tränke am Seeufer aufgehalten hatten, in Panik ins Wasser getrieben haben, wo sie schließlich ertrunken sind.

In den Ablagerungsschichten des Meeresbeckens zwischen Alpen und Alb finden wir hauptsächlich Muscheln und Schnecken, die im Brack- und Süßwasser lebten. Die an Salzwasser gewöhnten Brachiopoden sind entweder ausgestorben oder vereinzelt in andere Meeresgewässer abgewandert. Sie tauchen im Tertiär nicht mehr auf.

Einen guten Einblick in die Pflanzenwelt am Ende des Tertiärs erlauben Funde im westlichen Vorland des Harzes. Hier hat man in einer Tongrube bei Willershausen, zwischen Seesen und Northeim, in Süßwasserablagerungen fossile Pflanzenreste und Blätter von fast allen Baumarten wie Birke, Ahorn, Eiche, Ulme, Kastanie sowie Farne und Moose gefunden, die sich dort unter besonders günstigen Bedingungen in einem Teich oder See erhalten konnten.

Zu den weiteren Dokumenten des Lebens aus jener Zeit vor etwa 3 Millionen Jahren gehören versteinerte Reste von frühen Insekten, so z. B. Blattläusen, Mücken, Wespen, Schmetterlingen, Käfern und Spinnen. Natürlich zählen auch Wasserbewohner wie Muscheln, Schnecken und Fische zu den Versteinerungen dieser Fundgrube. Reste von Säugetieren liegen im Ton von Willershausen dagegen nur sehr spärlich vor.

Das *Quartär* ist der jüngste und noch nicht abgeschlossene Zeitabschnitt der Erdgeschichte. Er begann vor 2 Millionen Jahren und dauert wie gesagt noch an. Er wurde früher als der vierte große Abschnitt gedeutet, daher der lateinische Name.
Nach den subtropischen Klimaverhältnissen des Tertiärs waren für das Quartär die ausgedehnten Vereisungen der nördlichen Erdhalbkugel das

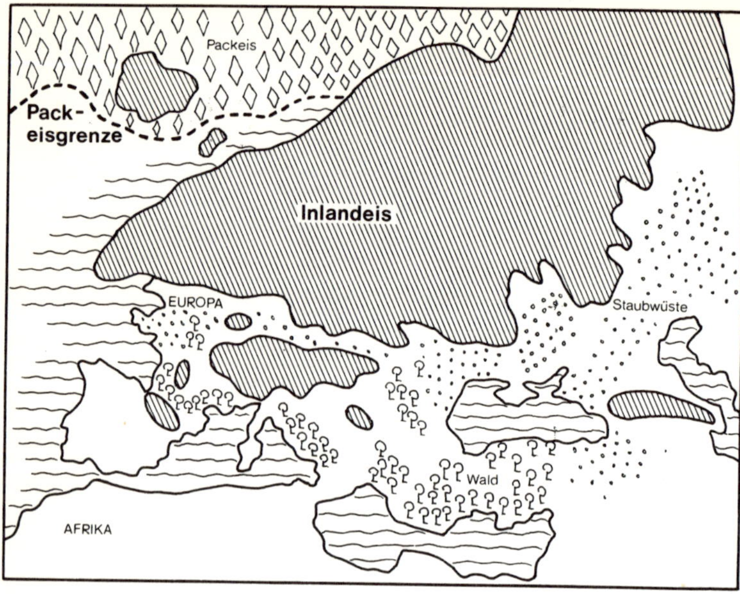

Vereisung der zweiten Eiszeit

einschneidendste Ereignis, das das Antlitz der Erde und die Lebensbedingungen auf der Erde veränderte und bestimmte. Und noch etwas passierte in diesem vorläufig letzten Kapitel der Erdgeschichte: Nach fast 3 Milliarden Jahren setzte das Leben mit der Entwicklung zum Urmenschen und schließlich zum Homo sapiens, dem vernunftbegabten Wesen Mensch, einen Schlußpunkt. Mit erwachendem Bewußtsein und wachsender Intelligenz nahm dieses Wesen in den letzten 200 000 Jahren sein eigenes Leben und das Schicksal der Erde in seine Hände – und ist in der Gegenwart dabei, die Oberfläche »seines« Planeten noch »gründlicher« zu verändern, als es je zuvor in so kurzer Zeit der Planet in seiner Entwicklung selbst geschafft hat.

Daran sollten sich gerade die Hobby-Geologen und Hobby-Paläontologen immer dann erinnern, wenn sie sich zu fossilen Beutezügen aufmachen. Ganz besonders wir Laien können mit Hammer und Pickel der Natur mehr schaden als unserem Hobby nützen. Die wenigen aufgeschlossenen Fundorte, die es in unserer total zugebauten und kultivierten Welt noch gibt, sollten wir nicht völlig zertrümmern, zumal wir dabei möglicherweise sogar noch das eine oder andere wertvolle, erdgeschichtlich interessante Fundstück aus Mangel an Erfahrung zerstören könnten.

Das Quartär gliedert sich in den langen Abschnitt des Eiszeitalters (Pleistozän, früher Diluvium) bis vor 10 000 Jahren und die Nacheiszeit (Holozän, früher Alluvium). Die entscheidenden Ereignisse des Eiszeitalters waren die starken Klimaschwankungen, die zu einer Folge von Kalt- und Warmzeiten führten. Am Ende des Tertiärs herrschte ein warmes ausgeglichenes Klima, darauf weisen alle Funde von Tieren und Pflanzen hin. Zu Beginn des Quartärs wurde es ganz allmählich immer kälter. Es kam zu ausgedehnten Vergletscherungen, teils in Form von Gebirgsgletschern, teils in Form von Inlandeis. Von Skandinavien her drangen die Inland-Eismassen über die Ostsee bis zu den deutschen Mittelgebirgen und über die Nordsee bis nach England und Holland vor. Von den Alpen schoben sich die Gebirgsgletscher bis an die Donau heran. Zu Gletschergebirgen wuchsen Schwarzwald, Bayerischer Wald und Harz. Bei seinen Vorstößen hobelte das Eis Berge zu Hügeln rund oder Erdeinschnitte zu tiefen Trogtälern.

Die Wechselwirkung von Frost und Sonnenwärme ließ mächtige Decken von Verwitterungsschutt entstehen, der sich in Tälern und Senken ablagerte. In den Warmzeiten schmolzen die Gletscher, das Eis wich zurück. Das Schmelzwasser fraß sich in die Schuttschichten, bildete Bäche, Flüsse und Ströme. Die sich ausdehnenden und wieder zurückziehenden Eismassen formten in den verschiedenen Eiszeiten mit dem Schutt, den sie am Grund (Grundmoränen) und an ihren Flanken (Seitenmoränen) mitführten sowie dem Schutt, den sie bei Stillstand am Ende aufhäuften (Endmoränen), mit Urstromtälern, Flüssen und Seen die Oberfläche der Erde um. Nach den Flüssen des nördlichen Alpenvorlandes erhielten die großen Vereisungen ihre Namen: Günz- und Mindel-, sowie Riß- und Würm-Eiszeit.

Gliederung der Erdgeschichte

	Name	Beginn vor Mill. Jahren	Fossilien
Erdneuzeit	Quartär	2	Höhlenbär, Riesenhirsch, Nashorn, Elefant, Büffel, Wildpferd (Knochen aus der Kiesgrube)
	Tertiär	70	Insekten, Pflanzenreste, Frosch, Fisch, Schnecke, Muschel, Schildkröte, Pferd, Antilope, Salamander
Erdmittelalter	Kreide	135	Muscheln, Korallen, Knochenfisch, Seeigel, Belemniten, Ammoniten, Schnecken, Saurier
	Jura	180	Brachiopoden, Korallen, Seelilien, Schwämme, Belemniten, Ammoniten, Fische, Krebse, Land-, Meeres-, Flugsaurier, Urvogel
	Trias	225	Brachiopoden, Muscheln, Seesterne, Korallen, Seelilien, Ammoniten, Fische, Schnecken, Urlurch, Saurier

	Name	Beginn vor Mill. Jahren	Fossilien
Erdaltertum	Perm	285	Brachiopoden, Muscheln, Trilobiten, Ammoniten, Stachelhäuter
	Karbon	350	Brachiopoden, Stachelhäuter, Korallen, Ammoniten, Reptilien, Farne, Schachtelhalme
	Devon	400	Brachiopoden, Ammoniten, Korallen, Seelilien, Trilobiten
	Silur	440	Erste Landpflanzen und -tiere, Brachiopoden, Graptolithen, Nautilus, Korallen
	Ordovizium	500	Brachiopoden, Nautilus, Trilobiten, Graptolithen, Kalkalgen
	Kambrium	570	Brachiopoden, Trilobiten, Algen
	Erdfrühzeit	ca. 4000	
	Erdurzeit	ca. 4500	

Der wiederholte Wechsel des Klimas bewirkte gleichzeitig einen Wandel im Leben von Pflanzen und Tieren. Die wärmegewohnten Pflanzen gingen mit fortschreitender Abkühlung ein. Wo sich einmal subtropische Wälder ausgebreitet hatten, herrschte schließlich die baumlose Kältesteppe, die Tundra, wie wir sie heute noch in Teilen Sibiriens vorfinden.

Die Tiere wanderten in wärmere Regionen aus oder paßten sich dem neuen Klima und seinen Lebensbedingungen an, indem sie sich ein dikkes Fell und Fettgewebe zulegten. In den Kaltzeiten lebten u. a. Mammut, Fellnashorn, Rentier, Moschusochse, Gemse und Steinbock, in den Warmzeiten, in denen wieder Wälder aufblühten, vorwiegend Waldtiere wie Waldelefanten, Nashörner, Wildschweine, Hirsche, Auerochsen und Wisente, aber auch Flußpferde und Wasserbüffel, wenn das Klima sich als besonders günstig erwies.

Weniger an das Klima gebunden waren die Raubtiere wie Höhlenlöwen und Höhlenbären (Bild S. 78).

Mitteleuropa ist reich an Fundstätten von Säugetieren aus dem Eiszeitalter. In Kiesgruben und Höhlen hat man zahlreiche Reste der genannten fossilen Säugetiere ausgebuddelt. Zu den berühmtesten Fundstellen gehören die Kiesgruben von Steinheim an der Murr, nördlich von Stuttgart. Der Fluß hat im Laufe der Eiszeiten immer wieder seinen Lauf gewechselt und seine Schotterfracht aus Kalt- und Warmzeiten bis zu einer 15 m hohen Kies- und Sandschicht aufgeschüttet. Aus den Kiesgruben haben seit der Jahrhundertwende aufmerksame Arbeiter Schädel, Zähne und Knochen aller genannten Tiere des Quartärs freigelegt und geborgen.

Man stieß sogar auf das fast vollständige Skelett eines Steppenelefanten. Dieser Urweltriese ist heute im Staatlichen Museum für Naturkunde in Stuttgart zu bestaunen, zusammen mit Schädeln und Knochen von Höhlenbären, -löwen und -hyänen aus den Höhlen der Schwäbischen Alb.

1933 wurden die Funde in den Gruben von Steinheim durch den Fund eines affenartigen Schädels gekrönt. Von einem Fachmann des Stuttgarter Museums wurde dieser Schädel Stück für Stück sorgfältig freige-

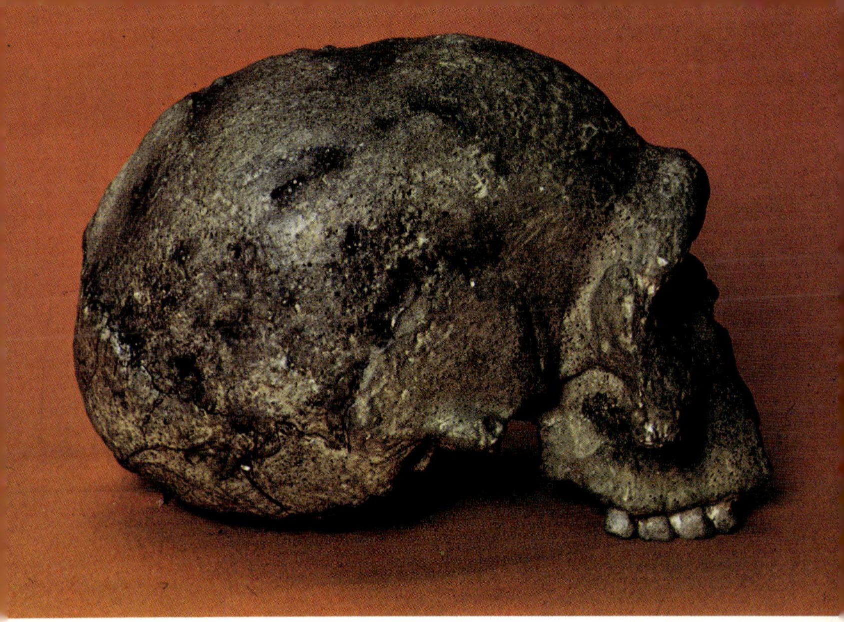

Schädel des Urmenschen von Steinheim
(Staatl. Museum für Naturkunde, Stuttgart)

Dreharbeiten in der Kiesgrube

Geologenhammer; Spitz- und Flachmeißel, Fäustel

Dreharbeiten in der Tongrube

legt, präpariert und wissenschaftlich bearbeitet. Er entpuppte sich als der Schädel eines Urmenschen (homo Steinheimensis), eines Zeitgenossen von Waldnashorn, Waldriesenhirsch und Wasserbüffel. Das Alter des Steinheimer Urmenschen wird auf 250 000 Jahre geschätzt. Er ist damit weit über doppelt so alt wie der berühmte Neandertaler aus der Gegend von Düsseldorf. Der Urmensch von Steinheim ist ein Vorfahre des heutigen Homo sapiens. Darauf weisen alle Merkmale des Schädels hin. Ob allerdings der jüngere Neandertaler vom Steinheimer Urmenschen abstammt, läßt sich mit Sicherheit nicht entscheiden. Dafür haben die Paläontologen feststellen können, daß sein Schädel einer jüngeren Frau gehörte, die eines gewaltsamen Todes starb. Ihr Kopf wurde vom Rumpf abgetrennt und durch ein erweitertes Loch im Hinterkopf des Gehirns beraubt!

»Knochen aus der Kiesgrube«, das sind die Fossilien aus dem Eiszeitalter des Quartärs. Die Nacheiszeit, die vor 10 000 Jahren mit einer noch andauernden Warmzeit begonnen hat, bietet noch keine Fossilien, denn dieser Begriff gilt allgemein nur für jene versteinerten Überreste, die älter als 10 000 Jahre sind. Der Prozeß der Versteinerung braucht nun einmal seine Zeit. In Millionen Jahren vielleicht wird man uns, unsere Werke und unsere lebendigen Zeitgenossen einmal als Dokumente eines weiteren Abschnitts der Erdgeschichte betrachten.

Wie das Leben an Land kam

Die Geschichte der Erde und die Entwicklung des Lebens im Laufe der Erdgeschichte geben vielerlei Anlaß zum Staunen und Wundern.
An einer Stelle allerdings müßte dem aufmerksamen Leser oder Beobachter dieser langen Geschichte eine ebenso erstaunte wie verwunderte Frage aufgetaucht sein.
Warum haben Pflanzen und Tiere das Land erst vor rund 400 Millionen Jahren entdeckt und erobert, wo es doch damals im Meer von hochentwickelten Lebensformen aller Art nur so wimmelte?
Und genau diese Frage gab Prof. Heinz Haber Anlaß zu einer interessanten wissenschaftlichen Spekulation. Als Antwort liefert er die Hypothese – wissenschaftlich ist das eine unbewiesene Behauptung – daß es vorher noch gar kein Land gab, weil sich die Erde noch nicht weit genug ausgedehnt hatte. Den Anstoß für diese Überlegung gibt eine der aufregendsten Theorien der letzten Jahrzehnte.
Nach der Erkenntnis des englischen Nobelpreisträgers Dirac hat sich nämlich das Maß der Anziehungskraft zwischen den einzelnen Teilchen der Materie im Weltall seit Beginn des Universums langsam vermindert. Alle Himmelskörper werden ja durch ihre eigene Schwerkraft zusammengepreßt. Wenn sich die Anziehungskraft aber langsam verringert, dann müssen sich die Himmelskörper vom Preßdruck allmählich entlastet und und ebenso langsam ausgedehnt haben.
Als sichtbares Anzeichen für die Ausdehnung eines Planeten wertet man die Risse auf dem Mond, die z. T. über 100 km lang und mehrere Kilometer breit sind.
Die Folge aus dieser Spekulation: Unsere Erde wurde und wird im Laufe der Zeit immer größer. Diese Tatsache erklärt die recht unterschiedliche Verteilung von Land und Wasser auf unserem Planeten. Unser heutiges Land besteht aus den stabilen dicken Granitblöcken der Kontinente, die im plastischen Material des Erdmantels schwimmen. Die Blöcke sind so alt wie die Erde selbst. Sie sind als leichtere Stoffe aus dem schweren Material des Erdinnern über Jahrmillionen hinweg ausgeschieden worden

und an die Oberfläche gelangt, ähnlich wie die Schlacken in einem Hochofen oder die Fettschicht auf einer erkalteten Brühe. Diese Schlacke, die heute unsere Kontinentalblöcke darstellt, bedeckt heute nur 29% unserer Erdoberfläche. Die restlichen 71% bestehen aus den wesentlich dünneren Böden der Meere und Ozeane. Diese Verteilung ist ein wenig verwunderlich, denn man könnte sich doch fragen, warum die Schlacke sich nicht besser auf der Erdoberfläche verteilt hat. Nach der Spekulation von Prof. Haber war das in der grauen Vorzeit der Erdgeschichte auch der Fall, die Erde war damals auch nur etwa halb so groß wie heute und rundum von Meerwasser bedeckt. Dieses Meerwasser hat seinen Ursprung oder seine Quelle vermutlich in der ungeheuren Vulkantätigkeit der frühen Erdgeschichte. Mit der fortschreitenden Ausdehnung der Erde ist der ehemalige Urkontinent auseinandergebrochen, und die Einzelteile trieben immer weiter auseinander.

Die Meeresböden zwischen diesen Blöcken wurden langsam immer mehr auseinandergezogen und wie ein Strudelteig immer dünner. Da die Menge des Meerwassers seit rund einer Milliarde Jahren aber gleich geblieben ist, wurde das Meer insgesamt immer flacher. An einem Zeitpunkt schließlich müßten die Kontinentalschollen daher »auftauchen«. Man hat berechnet, daß sich die Erde pro Jahr um 4 Millimeter wie ein Luftballon ausdehnt.
In 100 Millionen Jahren sind das beachtliche 400 km. Wenn man also vom heutigen Erdradius von 6371 Kilometern zurückrechnet, ohne die Höhenunterschiede auf der heutigen Erdoberfläche zu berücksichtigen, sind vor rund 400 Millionen Jahren erstmals größere Teile Land, so zwischen 10–20%, aus dem Meer aufgetaucht. Jetzt stellt sich natürlich die Frage, wie es vorher zu Ablagerungsgesteinen von Unterwassergesteinen kommen konnte. Schließlich fehlen unter Wasser die klassischen Verwitterungskräfte Regen, Wind und Sonne. Wasser und Höhenunterschiede gab es aber im damaligen Meer genug. Der Meeresuntergrund glich heutigen Gebirgslandschaften. Verwittern konnten auch die untermeerischen Gebirge, und die langsam entstehenden Schlammlawinen, so vermutet man, haben dieses Gebirge der Tiefsee zernagt und abgetragen.
Mit dem Auftauchen der Landschollen an der Wende zwischen Silur und Devon nahm das Leben von der Mitte des Devons bis zum Karbon inner-

halb von 50 Millionen Jahren stürmisch das Land in Besitz. Da die Erde damals nur etwa halb so groß wie heute war, war der Druck der Atmosphäre auf diese kleinere Oberfläche entsprechend größer. Der Luftdruck war also fast doppelt so groß wie heute. Dieser Luftdruck schützte die Erde vor Wärmeverlust. Folglich herrschte damals jenes feuchte und heiße Tropenklima, in dem besonders in der Karbonzeit die Pflanzen in Hülle und Fülle gedeihen konnten. Auch die Entwicklung der Meeresbewohner wurde vom Land beeinflußt. Die alten Tiere wie Schwämme, Brachiopoden, Muscheln, Trilobiten waren seßhaft oder ließen sich einfach im Wasser treiben. Mit dem Entstehen von Flüssen und Flußdeltas entstanden stärkere Wasserströmungen. An diese neuen Verhältnisse mußten sich die Fische anpassen. Sie »erfanden« die typische Schlängelbewegung, und dazu brauchten sie und alle anderen und späteren Bewohner dieser neuartigen Wasserwelt ein biegsames Rückgrat.
Das hatten die urtümlichen, trägen Panzerfische des Meeres noch nicht. Im Devon erschienen die ersten Knorpelfische mit Haien und Rochen und die ersten Knochenfische mit den sogenannten Schmelzschuppern. Die Fische erfanden für sich das biegsame Instrument zur schlängelnden Fortbewegung. Und wenn wir die ältesten Landpflanzen, die sich durch Sporen fortpflanzten und deren Spuren an der Wende von Silur zu Devon zu finden sind, als weiteren Beweis anführen, dazu noch die Insekten, deren älteste auch aus dem Devon stammen, wird die Spekulation von Prof. Haber immer glaubwürdiger und bestechender. Der sehr interessante Artikel steht im Heft 6/77 von »bild der Wissenschaft«, Deutsche Verlagsanstalt, Stuttgart.

Tips für Hobby-Geologen

Alle Ablagerungsgesteine können Fossilien enthalten. Diese Information ist längst keine umwerfende Neuigkeit mehr für uns. Der Anfänger sollte sich eine geologische Karte des Gebietes besorgen, in dem er seine Spaziergänge oder Wanderungen am Wochenende macht oder in dem er seinen Urlaub verbringen möchte. Sein Sucher-Ehrgeiz sollte sich aber in Grenzen halten, denn seltene und ausgefallene Fundstücke legt auch der langjährige Hobby-Fachmann nur mit sehr viel Glück und Ausdauer frei.
Die für den Anfänger ergiebigsten Fundgebiete sind die des Devonmeeres in den Rheinischen Schiefergebirgen und des Jura in der Schwäbischen und Fränkischen Alb.
In der Eifel, im Gebiet um Gerolstein, ragen neben Vulkankegeln steile Felsen, die zum Teil ehemalige Korallenriffe des Devonmeeres waren. Darin findet man eine Fülle von Versteinerungen. An Aufschlüssen wie Straßenböschungen und Kiesgruben lassen sich Brachiopoden und Korallenstücke fast von der Erdoberfläche »pflücken«.
Ammoniten und »Donnerkeile« von Belemniten sind häufige Funde in den Steinbrüchen und Tongruben der Alb.
Die Verkehrsämter der Regionen, in denen Fossilienfunde auch für Anfänger häufig möglich sind, geben dazu nähere Informationen und führen einführende Exkursionen durch.
Im Hunsrück im Gebiet des »Bundenbacher Schiefers« im Kreis Idar-Oberstein kann der Hobby-Paläontologe gegen eine geringe Gebühr aus einem Bergwerk eine Schubkarrenladung von Schieferplatten mit Spezialwerkzeug selbst nach Fossilien durchsuchen.
Es ist unmöglich und würde auch den Rahmen dieser Einführung sprengen, alle Fundorte aufzuzählen. Aus verständlichen Gründen verzichtet der Autor auch bewußt darauf, genaue Ortsangaben zu liefern. Jeder Steinbruch und jede Kies- und Tongrube in den Ablagerungsgebieten erdgeschichtlicher Meere, Seen und Flüsse sind mögliche Fundstellen. Der Anfänger sollte sich bei seinen ersten Exkursionen »alten Hobby-Hasen« anschließen. Es soll davon eine ganze Menge geben. In jedem

Naturkunde-Museum sind Fachleute, die dem Laien sicher gerne den einen oder anderen Tip geben.
Ein besonders einfacher Weg ist dieser Tip: Wenden Sie sich an die Vereinigung der Freunde der Mineralogie und Geologie (VFMG), Kastellweg 6, in 6900 Heidelberg. In den meisten größeren Städten gibt es Ortsvereine dieser Vereinigung, die auch für Anfänger Exkursionen und Bestimmungskurse für Fossilien und Mineralien veranstalten. Auf diese Weise kann der Laie sein Hobby richtig »von der Pike auf« erlernen.
Die Mineralien in Form von Schmucksteinen und Kristallen finden wir in Erstarrungsgesteinen, so in Blasenräumen von Basalt- und den Klufträumen von Umwandlungsgesteinen. Die kristallinen Schiefer der Alpen beispielsweise enthalten schöne Mineralien, die hellen Quarzbänder sind ein Anzeichen für Klüfte, in denen die begehrten Bergkristalle wachsen konnten.
Abraumhalden von Steinbrüchen und die Halden in der Umgebung von Bergwerken können Fundstätten für Mineralien sein. Gebirgsbäche führen Mineralien mit sich. Die Geröllhalden der Gletscher sind ebenfalls ein Fundgebiet für Mineralsammler. Doch auch hier gilt der Rat: Der Anfänger sollte sich zuvor informieren und sich nach Möglichkeit einem erfahrenen »Sucher« anschließen. Verkehrsämter und die Vereinigung der Freunde der Mineralogie und Geologie können wertvolle Hilfe leisten.
Gerade in den Alpen stößt der Bergwanderer häufig auf erfahrene Hobby-Geologen, die mit Hammer und Meißel dem Gestein zu Leibe rücken. Die Erfahrung lehrt, daß Hobby-Freunde gerne und begeistert über ihr Hobby reden. Für den interessierten Laien fallen mit Sicherheit nicht nur Brocken, sondern auch wertvolle Tips in einem Gespräch ab – auch bei der Hobby-Arbeit.

Um sich selbst an die Hobby-Arbeit machen zu können, braucht der Anfänger nicht allzuviel an Werkzeug. Für den Anfang reicht der Geologenhammer. Damit wird hartes Gestein gespalten, Schutt beiseite geräumt oder im Geröll und Sand herumgestochert. Man kann diesen Hammer auch als kleine Spitzhacke benutzen. Zum Zerkleinern von Fundstücken, zum Aufspalten von Drusen oder Konkretionen, zum gezielten Herausholen von Fundstücken aus dem Gestein braucht man – später – noch einen Spitz- und Flachmeißel. Den schweren Fäustel zum Zertrümmern größerer Felsbrocken braucht der Anfänger nicht unbedingt mit sich herumzuschleppen. Wichtiger wäre da schon ein Bestimmungsbuch oder »Steinführer« in Buchform für Fossilien und Mineralien. Es leistet dem Anfänger sicher eine gute Hilfestellung bei seinen Exkursionen.

Ein exaktes Fundstellenverzeichnis mit genauen Beschreibungen und Skizzen ist bislang noch nicht erschienen. In »Mairs Freizeit und Ferien Atlas« Deutschland 77/78 sind Fossilien-Fundstellen des Devon- und Jurameeres an einigen wenigen Orten der Eifel und der Alb angegeben. Zur groben Orientierung reichen diese Angaben sicher, ob sie freilich auch den Weg zur Fundstelle weisen, bleibt dahingestellt.

Die Fossilien-Sammlung eines Anfängers wird und kann sich nur langsam und bescheiden aufbauen. Je nach Fundgebieten wird sie mit Brachiopoden, Muscheln, Stielgliedern von Seelilien, Korallen, kleinen Ammoniten, Donnerkeilen, Schnecken, einem Seeigel vielleicht und einer Krebsknolle eines Tages bestückt sein. Und wenn das Sammlerglück einmal ganz besonders hold ist, oder Beziehungen zu Arbeitern in einer Kiesgrube an Donau, Weser oder Niederrhein vorhanden sind, können wir auch einmal einen Knochen vom Transportband einer Kiesgrube fischen. Ob es sich dann tatsächlich um einen fossilen, d. h. einen mehr als 10 000 Jahre alten Rest eines Tieres handelt, kann sicher nur der Fachmann oder ein »alter Hase« feststellen. Der Laie wird die Überreste eines vielleicht Jahrzehnte alten Eisbeins von denen der Lebewesen einer Eiszeit so leicht nicht unterscheiden lernen.

Und wenn fossile Meeresbewohner wie Ammoniten beispielsweise in stundenlanger Feinarbeit von dem sie umgebenden Gestein und Sand befreit werden müssen, so gilt für Knochen von Säugetieren ähnliches: Sie müssen imprägniert werden. Dazu legt man sie zunächst in Sägemehl, um die Feuchtigkeit zu entziehen und taucht sie oder bestreicht sie später mit Knochenleim.

Vom ersten Stein bis zur richtigen Gesteins-, Fossilien- oder Mineralien-Sammlung als Ergebnis vieler Exkursionen hat der Anfänger im wahrsten Sinne des Wortes einen weiten Weg zurückzulegen.

Literaturhinweise

K. v. Bülow: Geologie für jedermann, Franckh, Stuttgart 1948

Ambrogio del Caldo u. a.: Minerale bestimmen, Franckh, Stuttgart 1974

Klaus-Henning Georgi: Kreislauf der Gesteine, Rowohlt, Reinbek 1972

Heinz Haber: Die panthalassische Erde, in »bild der wissenschaft«, Heft 6/1977, Deutsche Verlagsanstalt, Stuttgart 1977

Rudolf Mundlos: Wunderwelt im Stein, Bertelsmann, Gütersloh 1976

Walter Schumann: Steine und Mineralien, BLV Bestimmungsbuch, BLV Verlagsgesellschaft, München 1974

Alan R. Woolley u. a.: Der Kosmos-Steinführer, Stuttgart 1974

Rudolf Graubner: Mineralien und Steine erkennen und benennen, Falken-Verlag 1977